Sachkundig im Pflanzenschutz

Wilhelm Klein, Dr. Klaus König †
Werner Grabler

Sachkundig im Pflanzenschutz

Arbeitshilfe zum Erlangen
des Sachkundenachweises
im Pflanzenschutz

+ Prüfungsfragen mit Antworten

12. aktualisierte Auflage

unter Mitarbeit von
Ulrich Steck
Dr. Helmut Tischner

Bildnachweis:
Umschlagvorderseite: Waldhaeusl/Schauhuber
Archiv LBP: 7, 28; BBA: 9-10; Fruth: 2-3, 5-6, 12, 22;
LBP: 1, 4, 8, 11, 13-21, 23-27, 29-30.

**Bibliografische Information
der Deutschen Nationalbibliothek**
Die Deutsche Nationalbibliothek verzeichnet diese
Publikation in der Deutschen Nationalbibliografie;
detaillierte bibliografische Daten sind im Internet
über http://dnb.d-nb.de abrufbar.

ISBN 978-3-8001-5623-8

© 2007 Eugen Ulmer KG
Wollgrasweg 41, 70599 Stuttgart (Hohenheim)
email: info@ulmer.de
Internet: www.ulmer.de
Printed in Germany
Lektorat: Werner Baumeister
Umschlaggestaltung: Atelier Reichert, Stuttgart
Satz: Satz+Layout Fruth GmbH, München
Druck und Bindung: Gulde Druck, Tübingen
Printed in Germany

Inhaltsverzeichnis

Vorwort

Ziel des Pflanzenschutzes ist es, insbesondere Kulturpflanzen und Pflanzenerzeugnisse vor Schadorganismen und nichtparasitären Beeinträchtigungen zu schützen, Ertragsverluste abzuwehren und die Qualität der Ernteprodukte zu sichern.

Mit dem Pflanzenschutz-Gesetz vom 14. Mai 1998 wird in Deutschland den Erfordernissen einer EU-weiten Harmonisierung des Pflanzenschutzrechtes entsprochen. Das Gesetz dient Anwendern, Verbrauchern und der Umwelt gleichermaßen und soll Gefahren abwenden, die durch die Anwendung von Pflanzenschutzmitteln für die Gesundheit von Mensch und Tier und den Naturhaushalt entstehen können.

Das Gesetz verlangt für den Umgang mit Pflanzenschutzmitteln persönliche Zuverlässigkeit, Kenntnisse und Fertigkeiten, um seitens des Anwenders die gute fachliche Praxis, seitens des Verkäufers die sachgerechte Unterrichtung des Erwerbers für die Anwendung von Pflanzenschutzmitteln zu gewährleisten (Sachkunde).

Das vorliegende Buch ist als Arbeitshilfe zur Erlangung der Sachkunde im Pflanzenschutz gedacht. Es enthält den Lernstoff für den Pflanzenschutz-Sachkundenachweis für Anwender und Verkäufer von Pflanzenschutzmitteln. Dabei steht nicht die Vermittlung produktionstechnischen Detailwissens im Vordergrund. Vielmehr geht es darum, die hohe Verantwortung des Anwenders von Pflanzenschutzmitteln zu verdeutlichen.

Die Abfassung des Textes erfolgte nicht unter wissenschaftlichen oder juristischen Aspekten, sondern im Hinblick auf eine für den Praktiker verständliche Ausdrucksweise.

In der Beilage sind Beispiele möglicher Fragen für die Sachkundeprüfung enthalten, deren richtige Beantwortung mit dem Textteil dieses Buches möglich ist. Zur Kontrolle des eigenen Wissens und des Lernerfolges sind die richtigen Antworten in Form eines Lösungsschlüssels am Schluss des Buches angegeben.

Mit der Ersten Verordnung zur Änderung der Pflanzenschutz-Sachkunde-Verordnung vom 7. Mai 2001 erfolgte eine Anpassung der Sachkunde-Verordnung vom 28. Juli 1987 an das Pflanzenschutz-Gesetz vom 14. Mai 1998.

Dieses Buch zielt in erster Linie ab auf die Zielgruppe Landwirte, Gärtner, Forstwirte und Verkäufer von Pflanzenschutzmitteln. Zu wünschen ist, dass es darüber hinaus als übersichtliches Nachschlagewerk weitere Interessenten findet und damit zur Versachlichung der Diskussion über den modernen Pflanzenschutz beitragen kann.

Die Autoren

Sachkundig im Pflanzenschutz

Der Mangel an Arbeitskräften, steigende Lohnkosten sowie der internationale Wettbewerb machen es unumgänglich, auch die Erzeugung landwirtschaftlicher Produkte immer mehr zu rationalisieren und zu technisieren. Hinzu kommen die hohen Anforderungen des Verbrauchers und der Marktordnungen an die Qualität pflanzlicher Erzeugnisse.

Chemische Bekämpfungsverfahren im Pflanzenschutz spielen deshalb eine wichtige Rolle.

Die Anwendung chemischer Pflanzenschutzmittel kann aber – besonders bei einseitigem oder übermäßigem Einsatz – auch negative Auswirkungen haben, so z. B.

▶ die Möglichkeit der Umweltbelastung (Boden, Wasser, Luft),

▶ das Problem unzulässiger Rückstände in den Ernteprodukten,

▶ die Zunahme resistenter Schädlinge, Krankheiten oder Unkräuter, gegen die die bisher eingesetzten Pflanzenschutzmittel wirkungslos werden,

▶ die schnellere Aufeinanderfolge der Massenvermehrung von Schadorganismen durch Ausschalten der natürlichen Gegenspieler.

Solche möglichen Auswirkungen geben Anlass dazu, sich mit der Anwendung von Pflanzenschutzmitteln kritisch auseinander zu setzen.

Aus dieser Erkenntnis heraus fordert der Gesetzgeber im Pflanzenschutz-Gesetz die Sachkunde von Anwendern und Vertreibern von Pflanzenschutzmitteln. Der genannte Personenkreis hat auf Verlangen der zuständigen Behörde seine Sachkunde im Pflanzenschutz nachzuweisen.

Gesetz zum Schutz der Kulturpflanzen
(Pflanzenschutz-Gesetz – PflSchG)

in der Fassung vom 22. Juni 2006

§ 10
Persönliche Anforderungen

(1) Wer

1. Pflanzenschutzmittel in einem Betrieb
   a) der Landwirtschaft einschließlich des Gartenbaus oder der Forstwirtschaft oder
   b) zum Zwecke des Vorratsschutzes anwendet,
2. eine nach § 9 anzeigepflichtige Tätigkeit ausübt oder
3. Personen anleitet oder beaufsichtigt, die Pflanzenschutzmittel im Rahmen eines Ausbildungsverhältnisses anwenden, so weit dies zur Ausbildung gehört,

muss die dafür erforderliche Zuverlässigkeit und die dafür erforderlichen Kenntnisse und Fertigkeiten haben und dadurch die Gewähr dafür bie-

---

ten, dass durch die Anwendung von Pflanzenschutzmitteln keine vermeidbaren schädlichen Auswirkungen auf die Gesundheit von Mensch oder Tier oder keine sonstigen vermeidbaren schädlichen Auswirkungen, insbesondere auf den Naturhaushalt, auftreten.

(2) Die zuständige Behörde kann die in Absatz 1 bezeichneten Tätigkeiten ganz oder teilweise untersagen, wenn Tatsachen die Annahme rechtfertigen, dass derjenige, der diese Tätigkeiten ausübt, die dort genannten Voraussetzungen nicht erfüllt.

(3) Die erforderlichen fachlichen Kenntnisse und Fertigkeiten sind der zuständigen Behörde auf Verlangen nachzuweisen. Die Bundesregierung wird ermächtigt, durch Rechtsverordnung mit Zustimmung des Bundesrates nähere Vorschriften über Art und Umfang der erforderlichen fachlichen Kenntnisse und Fertigkeiten sowie über das Verfahren für deren Nachweis zu erlassen. Die Landesregierungen werden ermächtigt,

1. Rechtsverordnungen nach Satz 2 zu erlassen, so weit die Bundesregierung von ihrer Befugnis keinen Gebrauch macht,
2. durch Rechtsverordnung, so weit es zur Erfüllung der in § 1 genannten Zwecke erforderlich ist, den Anwendungsbereich des Absatzes 1 auf Personen auszudehnen, die Pflanzenschutzmittel auf Grundstücken anwenden, die im Besitz juristischer Personen des öffentlichen Rechts stehen.

Die Landesregierungen können diese Befugnis durch Rechtsverordnung auf andere Behörden übertragen.

§ 10 a
Anwendung zu Versuchszwecken

(1) Pflanzenschutzmittel dürfen zu Versuchszwecken nur angewandt werden, wenn die Anwendung keine schädlichen Auswirkungen auf die Gesundheit von Mensch und Tier oder auf Grundwasser sowie keine sonstigen schädlichen Auswirkungen, insbesondere auf den Naturhaushalt, erwarten lässt. Sie dürfen ferner nur angewandt werden, wenn der Anwender die dafür erforderlichen fachlichen Kenntnisse und Fertigkeiten nachgewiesen hat.

Die erforderlichen Kenntnisse und Fertigkeiten sind der zuständigen Behörde durch Vorlage der durch Rechtsverordnung nach Absatz 3 vorgesehenen Bescheinigungen nachzuweisen.

Im Einzelfall kann die zuständige Behörde abweichend von Satz 2 auf Antrag die Anwendung von Pflanzenschutzmitteln zu Versuchszwecken genehmigen, sofern dadurch keine schädlichen Auswirkungen auf die in Satz 1 genannten Schutzgüter zu erwarten sind. Die Sätze 2 und 3 gelten nicht für Versuche, die von der Biologischen Bundesanstalt oder den nach § 34 zuständigen Behörden durchgeführt werden.

(2) Die zuständige Behörde kann die Anwendung von Pflanzenschutzmitteln zu Versuchszwecken ganz oder teilweise untersagen, wenn Tatsachen die Annahme rechtfertigen, dass derjenige, der Pflanzenschutzmittel zu Versuchszwecken anwendet, die erforderliche Zuverlässigkeit oder die erforderlichen fachlichen Kenntnisse und Fertigkeiten nicht besitzt.

(3) Das Bundesministerium für Ernährung, Landwirtschaft und Verbraucherschutz wird ermächtigt, im Einvernehmen mit den Bundesministe-

rien für Arbeit und Soziales und für Umwelt, Naturschutz und Reaktor-
sicherheit durch Rechtsverordnung mit Zustimmung des Bundesrates
Näheres über Art und Umfang der Anwendung von Pflanzenschutzmitteln zu Versuchszwecken und der erforderlichen fachlichen Kenntnisse
und Fertigkeiten sowie das Verfahren für deren Nachweis zu regeln.

<h2 style="text-align:center">§ 22</h2>

Abgabe

(1) Pflanzenschutzmittel dürfen nicht durch Automaten oder durch andere Formen der Selbstbedienung in den Verkehr gebracht werden. Die
Vorschriften über die Abgabe gefährlicher Stoffe oder Zubereitungen, die
auf Grund des § 17 Absatz 1 Nr. 1 Buchstabe a und c des Chemikalien-
gesetzes erlassen worden sind, gelten für die Abgabe von Pflanzenschutzmitteln entsprechend.

(2) Bei der Abgabe im Einzel- und Versandhandel haben der Gewerbe-
treibende und derjenige, der für ihn Pflanzenschutzmittel abgibt, den Erwerber über die Anwendung des Pflanzenschutzmittels, insbesondere
über Verbote und Beschränkungen zu unterrichten.

(3) Das Feilhalten und die Abgabe von Pflanzenschutzmitteln im Einzel-
oder Versandhandel ist von der zuständigen Behörde ganz oder teilweise
zu untersagen, wenn Tatsachen die Annahme rechtfertigen, dass der Ge-
werbetreibende oder derjenige, der für ihn Pflanzenschutzmittel abgibt,
nicht die erforderliche Zuverlässigkeit und die für eine sachgerechte Unterrichtung des Erwerbers über die Anwendung der Pflanzenschutzmittel
und die damit verbundenen Gefahren erforderlichen fachlichen Kenntnisse hat.

(4) Die erforderlichen fachlichen Kenntnisse sind der zuständigen Behörde auf Verlangen nachzuweisen. § 10 Absatz 3 Satz 2 bis 4 gilt entsprechend.

<h2 style="text-align:center">Pflanzenschutz-Sachkunde-Verordnung
vom 28. Juli 1987 in der Fassung vom 7. Mai 2001
(BGBl. I Seite 885)</h2>

Auf Grund der § 10 Absatz 3 Satz 2, 10 a Absatz 3 und des § 22 Absatz 4 Satz 2 des Pflanzenschutz-Gesetzes vom 14. Mai 1998 (BGBl. I,
Seite 971) verordnet die Bundesregierung mit Zustimmung des Bundesrates:

<h2 style="text-align:center">§ 1</h2>

Sachkundenachweis für die Anwendung von Pflanzenschutzmitteln

(1) Der Nachweis der erforderlichen fachlichen Kenntnisse und Fertigkeiten

1. für die Anwendung von Pflanzenschutzmitteln
   a) in einem Betrieb

aa) der Landwirtschaft einschließlich des Gartenbaus oder der Forstwirtschaft

bb) Zum Zwecke des Vorratsschutzes oder

b) zu Versuchszwecken oder

c) für andere – außer gelegentlicher Nachbarschaftshilfe – oder

2. für die Anleitung oder Beaufsichtigung von Personen, die Pflanzenschutzmittel im Rahmen eines Ausbildungsverhältnisses anwenden, so weit dies zur Ausbildung gehört, kann durch Vorlage eines Abschlusszeugnisses nach Absatz 2 oder einer Bescheinigung nach Absatz 5 oder durch eine Prüfung nach § 2 erbracht werden. Die zuständige Behörde kann auf Antrag auch den erfolgreichen Abschluss in einer anderen Aus-, Fort- oder Weiterbildung als Nachweis der erforderlichen fachlichen Kenntnisse und Fertigkeiten anerkennen, wenn die Vermittlung solcher Kenntnisse und Fertigkeiten Gegenstand der Aus-, Fort- oder Weiterbildung gewesen ist.

(2) Abschlusszeugnis im Sinne des Absatzes 1 Satz 1 ist ein Zeugnis über

1. eine bestandene Abschlussprüfung in den in Anlage 1 Abschnitt A aufgeführten Berufen,

2. eine bestandene Fortbildungs- oder Umschulungsprüfung in den in Anlage 1 Abschnitt B aufgeführten Berufen,

3. ein abgeschlossenes Hochschulstudium oder Fachhochschulstudium in den in Anlage 1 Abschnitt C aufgeführten Bereichen.

(3) Abschlusszeugnissen nach Absatz 2 gleichgestellt sind staatlich anerkannte Zeugnisse über eine bestandene Abschlussprüfung in den in Anlage 1 Abschnitt A oder B aufgeführten Berufen oder ein abgeschlossenes Hochschulstudium oder Fachhochschulstudium in den in Anlage 1 Abschnitt C aufgeführten Bereichen, die in einem anderen Mitgliedstaat oder einem Vertragsstaat des Abkommens über den Europäischen Wirtschaftsraum (Vertragsstaat) abgelegt worden sind, wenn Gegenstand der Ausbildung die Vermittlung der entsprechenden Kenntnisse und Fertigkeiten war. Abschlusszeugnissen nach Absatz 2 Nr. 3 gleichgestellt sind ferner Zeugnisse über eine bestandene Abschlussprüfung in den in Anlage 1 Abschnitt C aufgeführten Bereichen, die in einem anderen Mitgliedstaat oder einem anderen Vertragsstaat abgelegt wurden und die nach der Richtlinie 89/48/EWG des Rates vom 21. Dezember 1988 über eine allgemeine Regelung zur Anerkennung der Hochschuldiplome, die eine mindestens dreijährige Berufsausbildung abschließen (ABl. EG 1989 Nr. L 19 S. 16) in der jeweils geltenden Fassung anzuerkennen sind.

(4) Der Nachweis, dass die erforderlichen fachlichen Kenntnisse und Fertigkeiten Gegenstand der Ausbildung waren, ist für Ausbildungen, die in einem anderen Mitgliedstaat oder einem Vertragsstaat abgelegt worden sind, durch eine Bescheinigung der zuständigen Stelle des Herkunftslandes oder andere geeignete Nachweise zu erbringen.

(5) Die zuständige Behörde stellt demjenigen, der die erforderlichen fachlichen Kenntnisse und Fertigkeiten besitzt, auf Antrag hierüber eine Bescheinigung nach dem Muster der Anlage 2 aus.

§2
Prüfung

(1) Die Prüfung besteht aus einem fachtheoretischen und einem fachpraktischen Teil. Die Prüfung im fachtheoretischen Teil wird schriftlich und mündlich abgelegt.

(2) Durch die Prüfung wird festgestellt, ob der Prüfling die erforderlichen Kenntnisse und Fertigkeiten guter fachlicher Praxis im Pflanzenschutz hat; sie erstreckt sich auf folgende Prüfungsgebiete:

1. im Bereich der Kenntnisse:
   a) Integrierter Pflanzenschutz,
   b) Schadursachen bei Pflanzen und Pflanzenerzeugnissen,
   c) indirekte und direkte Pflanzenschutzmaßnahmen,
   d) Eigenschaften von Pflanzenschutzmitteln,
   e) Verfahren der Ausbringung von Pflanzenschutzmitteln und Umgang mit Pflanzenschutzgeräten,
   f) Schutzmaßnahmen zur Vermeidung gesundheitlicher Gefahren (insbesondere Verwendung von Schutzkleidung oder Atemschutz), Sofortmaßnahmen bei Unfällen,
   g) Verhüten schädlicher Auswirkungen von Pflanzenschutzmaßnahmen auf Mensch, Tier und Naturhaushalt,
   h) Aufbewahren und Lagern von Pflanzenschutzmitteln,
   i) sachgerechte Entsorgung von Pflanzenschutzmittelresten und -behältnissen,
   j) Rechtsvorschriften (insbesondere aus dem Pflanzenschutz-, Arbeitsschutz-, Lebensmittel-, Wasser-, Umweltschutz- und Naturschutzrecht).
2. im Bereich der Fertigkeiten:
   a) sachgemäßer Umgang mit Pflanzenschutzmitteln,
   b) Verwenden und Warten von Pflanzenschutzgeräten.

(3) Die Prüfung ist bestanden, wenn jeweils im fachtheoretischen und fachpraktischen Teil mindestens ausreichende Leistungen erbracht worden sind.

(4) Die zuständige Behörde oder die nach Landesrecht beauftragten Stellen erteilen dem Prüfungsteilnehmer ein Zeugnis über die bestandene oder einen Bescheid über die nicht bestandene Prüfung.

(5) Eine nicht bestandene Prüfung kann wiederholt werden; die zuständige Behörde oder die nach Landesrecht beauftragten Stellen weisen in ihrem Bescheid darauf hin.

§3
Sachkundenachweis für die Abgabe von Pflanzenschutzmitteln und für die Beratung über deren Anwendung

(1) Für den Nachweis der erforderlichen fachlichen Kenntnisse für die Abgabe von Pflanzenschutzmitteln im Einzelhandel oder die Ausübung einer anzeigepflichtigen Tätigkeit nach § 9 des Pflanzenschutz-Gesetzes gelten die §§ 1 und 2 entsprechend mit folgender Maßgabe:

1. Abweichend von § 2 Absatz 2 wird durch die Prüfung festgestellt, ob der Prüfling die für eine sachgerechte Unterrichtung des Erwerbers über Anwendung der Pflanzenschutzmittel und die damit verbundenen Gefahren erforderlichen fachlichen Kenntnisse hat.

2. Die zuständige Behörde kann auch eine bestandene Prüfung nach § 13 Absatz 2 der Gefahrstoff-Verordnung vom 26. August 1986 (BGBl. I S. 1470) in der bis zum 31. Oktober 1993 gültigen Fassung oder eine Prüfung nach § 5 Absatz 2 der Chemikalien-Verbotsverordnung als Nachweis der erforderlichen fachlichen Kenntnisse anerkennen, wenn die Kenntnisse nach Nummer 1 Gegenstand der Prüfung gewesen sind.

(2) Der Nachweis der erforderlichen fachlichen Kenntnisse wird ferner erbracht durch die Vorlage

1. eines Zeugnisses über ein abgeschlossenes Hochschulstudium der Pharmazie,
2. einer Erlaubnis zur Ausübung der Tätigkeit unter der Berufsbezeichnung pharmazeutisch-technischer Assistent oder pharmazeutisch-technische Assistentin,
3. eines Zeugnisses über eine bestandene Abschlussprüfung in den in Anlage 1 Abschnitt D aufgeführten Berufen.

(3) Einem Zeugnis nach Absatz 2 Nr. 1 gleichgestellt sind Zeugnisse über bestandene Abschlussprüfungen, die in einem anderen Mitgliedstaat abgelegt wurden und die nach der Richtlinie 85/443/EWG des Rates vom 16. September 1985 über die gegenseitige Anerkennung der Diplome, Prüfungszeugnisse und sonstigen Befähigungsnachweise des Apothekers und über Maßnahmen zur Erleichterung der tatsächlichen Ausübung des Niederlassungsrechts für bestimmte pharmazeutische Tätigkeiten (ABl. EG Nr. L 253 S. 37) in der jeweils geltenden Fassung anzuerkennen sind. Abschlussprüfungen nach Absatz 2 Nr. 3 gleichgestellt sind durch Zeugnisse nachgewiesene bestandene Abschlussprüfungen in den in Anlage 1 Abschnitt D aufgeführten Berufen, die in einem anderen Mitgliedstaat oder einem anderen Vertragsstaat abgelegt wurden.

§ 4
Nachprüfung

Untersagt die zuständige Behörde eine Tätigkeit nach § 10 Absatz 2, § 10 a Absatz 2 oder § 22 Abs. 3 des Pflanzenschutz-Gesetzes, weil die erforderlichen fachlichen Kenntnisse oder Fertigkeiten fehlen, kann sie die Wiederaufnahme dieser Tätigkeit in den Fällen einer Untersagung nach § 10 Absatz 2 und § 10 a Absatz 2 des Pflanzenschutz-Gesetzes von der erforderlichen Teilnahme an einer Prüfung nach § 2, in den Fällen einer Untersagung nach § 22 Absatz 3 des Pflanzenschutz-Gesetzes von der erfolgreichen Teilnahme an einer Prüfung nach § 3 Absatz 1 abhängig machen.

§ 4 a
Unberührtheitsklausel

Die Vorschriften der Chemikalien-Verbotsverordnung bleiben unberührt.

§ 5
Länderbefugnis

Die Befugnis der Länder, nach § 10 Absatz 3, Satz 3 auch in Verbindung mit § 22 Absatz 4 Satz 2, des Pflanzenschutz-Gesetzes nähere Vorschriften über das Verfahren der Prüfung nach § 2 zu erlassen, bleibt unberührt.

Anlage 1
Abschlusszeugnisse
(zu § 1 Absatz 2 und § 3 Absatz 1 und 2)

Abschnitt A

Landwirt/Landwirtin,
Forstwirt/Forstwirtin,
Gärtner/Gärtnerin,
Winzer/Winzerin,
Pflanzenschutzlaborant/Pflanzenschutzlaborantin,
Landwirtschaftlicher Laborant/Landwirtschaftliche Laborantin,
Landwirtschaftlich-technischer Assistent/Landwirtschaftlich-technische Assistentin.

Abschnitt B

Fachagrarwirt/Fachagrarwirtin Landtechnik,
Geprüfter Schädlingsbekämpfer/Geprüfte Schädlingsbekämpferin nach der Verordnung über die berufliche Umschulung zum Geprüften Schädlingsbekämpfer/zur Geprüften Schädlingsbekämpferin vom 18. Februar 1997 (BGBl. I S. 275).

Abschnitt C

Agrar-, Gartenbau- oder Forstwissenschaften sowie Weinbau.

Abschnitt D

Drogist/Drogistin nach der Verordnung über die Berufsausbildung zum Drogist/zur Drogistin vom 30. Juni 1992 (BGBl. I S. 1197),
Florist/Floristin nach der Verordnung über die Berufsausbildung zum Floristen/zur Floristin vom 28. Februar 1997 (BGBl. I S. 396),
Pharmazeutisch-kaufmännischer Angestellter/Pharmazeutisch-kaufmännische Angestellte nach der Verordnung über die Berufsausbildung zum pharmazeutisch-kaufmännischen Angestellten/zur pharmazeutisch-kaufmännischen Angestellten vom 3. März 1993 (BGBl. I S. 292).

Anlage 2
(zu § 1 Absatz 5 und § 3 Absatz 1)

Sachkundenachweis

Hiermit wird bestätigt, dass

Herr/Frau . . . .

(Name des Sachkundigen)

geb. am:. . . . .

(Geburtstag)

den Nachweis der Sachkunde nach § 1 Absatz 1/§ 3 Absatz 1*) der Pflanzenschutz-Sachkunde-Verordnung erbracht hat.

. . . .

(Ausstellungsort)

. . . .

(Name der zuständigen Behörde)

. . . .

(Datum)

. . . .

(Stempel der zuständigen Behörde)   (Unterschrift)

---

*) Nichtzutreffendes streichen.

16

1 Schadursachen bei Pflanzen und Pflanzenerzeugnissen

Pflanzen können ebenso wie Menschen erkranken oder in ihrer Entwicklung gestört werden. Vor allem Schadorganismen, Witterungseinflüsse, falsche oder mangelhafte Nährstoffversorgung und falsche Anbautechnik können zu Schäden führen. Auch wild wachsende Pflanzen – in Kulturpflanzenbeständen allgemein als Unkräuter bezeichnet – können die Kulturpflanzen in ihrem Lebensraum beeinträchtigen.

Wer wirkungsvollen Pflanzenschutz betreiben will, muss die Schadursachen kennen, um gezielt gegen sie vorgehen zu können.

Man kann grundsätzlich unterscheiden zwischen **parasitären** und **nichtparasitären Schadursachen.**

Nichtparasitäre Schadursachen werden durch unbelebte Einflüsse ausgelöst. Parasitäre Schadursachen werden von Lebewesen bzw. Kleinstlebewesen hervorgerufen, die auf Kosten eines anderen, eines Wirts, leben.

1.1 Nichtparasitäre Schadursachen

Zu den nichtparasitären Ursachen von Erkrankungen bzw. Entwicklungsstörungen zählen:

► Ungünstige Witterungsbedingungen wie Kälte, Frost, Hitze, Nässe, Trockenheit, Hagel, Sturm,

► ungünstige Bodenbeschaffenheit wie Verdichtung, Bodenreaktion (sauer, akalisch), mangelnde Durchlüftung,

► sorgloser Umgang mit Maschinen und Geräten, der zu Pflanzenverletzungen führt und damit Eintrittspforten für Krankheitserreger schafft,

► Nährstoffmangel oder Nährstoffüberversorgung.

Die *Unterversorgung* mit bestimmten Nährstoffen kann zu typischen Mangelkrankheiten führen. Beispiele sind: Herz- und Trockenfäule der Rüben bei Bor-Mangel oder helle perlschnurartige Streifigkeit auf den Blättern von Mais und Getreide oder spiegelbildlich angeordnete Blattverbräunungen der Kartoffel bei Magnesium-Mangel.

Eine *Überversorgung* mit Stickstoff führt beispielsweise zu Lager bei Getreide oder Überhandnehmen von Ampfer auf Grünland. Kalküberschuss kann die Festlegung von Spurenelementen im Boden zur Folge haben. Mangelkrankheiten und Nährstoffüberschuss lassen sich nur durch **regelmäßige Bodenuntersuchungen** auf den Gehalt an Nährstoffen und eine darauf abgestimmte Düngung vermeiden.

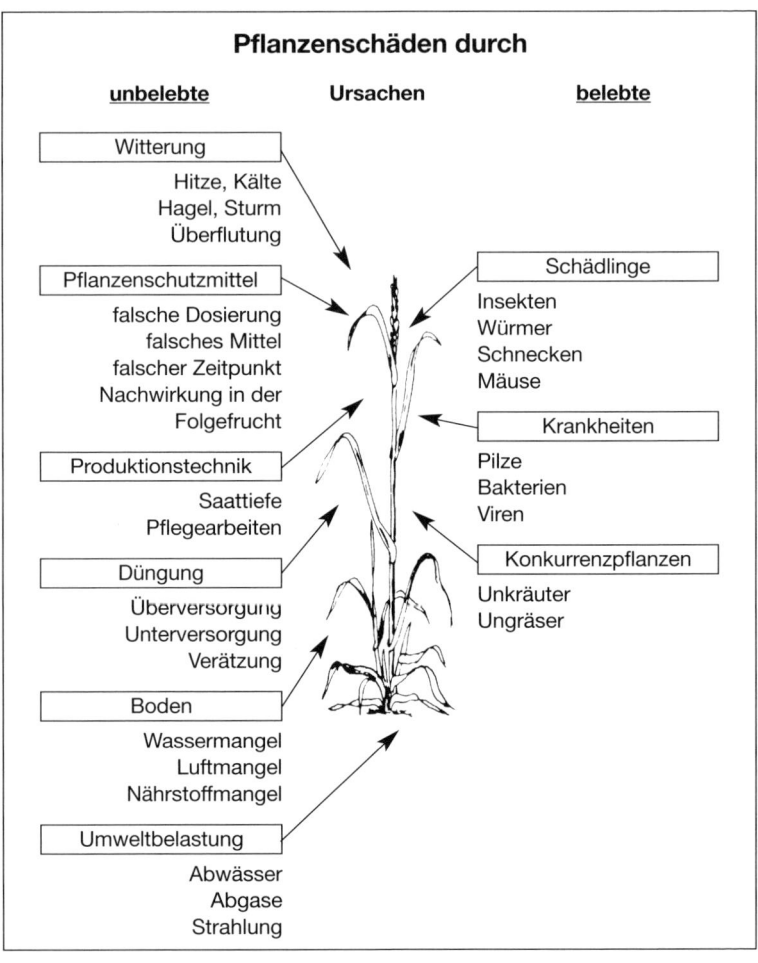

Pflanzenschäden durch

<u>unbelebte</u>   Ursachen   <u>belebte</u>

| Witterung |
| Hitze, Kälte
Hagel, Sturm
Überflutung |

| Pflanzenschutzmittel |
| falsche Dosierung
falsches Mittel
falscher Zeitpunkt
Nachwirkung in der
Folgefrucht |

| Produktionstechnik |
| Saattiefe
Pflegearbeiten |

| Düngung |
| Überversorgung
Unterversorgung
Verätzung |

| Boden |
| Wassermangel
Luftmangel
Nährstoffmangel |

| Umweltbelastung |
| Abwässer
Abgase
Strahlung |

| Schädlinge |
| Insekten
Würmer
Schnecken
Mäuse |

| Krankheiten |
| Pilze
Bakterien
Viren |

| Konkurrenzpflanzen |
| Unkräuter
Ungräser |

Abb. 1. Schadursachen bei Pflanzen und Pflanzenerzeugnissen.

1.2 Parasitäre Schadursachen

1.2.1 Konkurrenzpflanzen – Unkräuter und Ungräser

Dies ist ein **Sammelbegriff** für alle Pflanzen, die auf bewirtschafteten landwirtschaftlichen Nutzflächen hinsichtlich

18

- ▶ Nährstoffen,
- ▶ Platz,
- ▶ Licht

in Konkurrenz zum Kulturpflanzenbestand stehen.

- ▶ Sie können Zwischenträger von Krankheiten und Schädlingen sein (z. B. Getreidezystenälchen an Flughafer, Halmbruch an Gräsern).
- ▶ Sie behindern Pflege und Ernte des Kulturbestandes (z. B. Klettenlabkraut, Kamille).
- ▶ Sie können Träger von Giftstoffen sein (z. B. Herbstzeitlose, Hahnenfuß).
- ▶ Auch Kulturpflanzen können zu Unkräutern werden, wenn sie dort wachsen, wo sie nicht erwünscht sind (z. B. Durchwuchskartoffeln in Getreide, Ausfallgetreide in Raps).

Es gibt zwei große **Gruppen von Konkurrenzpflanzen:**

- ▶ Unkräuter,
- ▶ Ungräser.

Zweikeimblättrige Pflanzen (Gruppe der Unkräuter): Sie entwickeln **2 Keimblätter.** Die Blätter sind in der Regel breit auslaufend.

Abb. 2. Einkeimblättrige Pflanze: Gräser

Abb. 3. Zweikeimblättrige Pflanze: Krautige Pflanzen.

Einkeimblättrige Pflanzen (Gruppe der Ungräser): Sie entwickeln nur **1 Keimblatt.** In der Regel haben sie einen aufrechten Wuchs und schmale, spitz zulaufende Blätter.

Die Einteilung in ein- und zweikeimblättrige Pflanzen, in Samen- und Wurzelunkräuter sowie in Frühjahrs- und Herbstkeimer ist wichtig für die Auswahl der Unkrautbekämpfungsmittel (Herbizide), da jeweils spezifisch wirkende Mittel eingesetzt werden müssen.

Auf jeder bewirtschafteten Fläche stehen **Leitunkräuter**, je nach Standort z. B. Klettenlabkraut, Kamille, Ackerhohlzahn. Nur ihre genaue Kenntnis ermöglicht eine richtige Mittelwahl und gezielte Bekämpfung.

1.2.2 Pilzkrankheiten

Pilze sind einfach gebaute Organismen. Sie haben kein Blattgrün (Chlorophyll) und können deshalb nicht selbstständig organische Substanzen aufbauen. Sie sind deshalb immer auf **Wirtspflanzen** angewiesen. Ihre mikroskopisch kleinen Organe über- oder durchwuchern das Gewebe der Kulturpflanzen, entziehen ihnen Nährstoffe und führen letztlich zum Absterben der Kulturpflanze.

Die Übertragung von Pilzkrankheiten von Pflanze zu Pflanze geschieht fast immer durch **Sporen** (Ausbreitungsorgane des Pilzes).

Günstige Befallsvoraussetzungen sind:
▶ ausreichende Luftfeuchtigkeit,
▶ ausreichende Temperatur,
▶ ausreichende Blattnässe.

Der Befall wird begünstigt durch:
▶ Vererbliche Anfälligkeit gegen den Pilz (fehlende Resistenz),
▶ geschwächte Widerstandskraft der Pflanze durch unausgewogenes Nährstoffangebot (z. B. Stickstoffüberdüngung),
▶ schlechte Wurzelentwicklung durch ungünstige Bodenstruktur,
▶ zusätzliche Stressfaktoren (z. B. Witterung oder unsachgemäßer Wachstumsregler- oder Herbizideinsatz).

Tabelle 1. Beispiele für Pilzkrankheiten

Krankheit	Kulturpflanze	Schadbild
Grauschimmel-fäule *(Botrytis)*	Erdbeere, Himbeere, Salat	mausgrauer Schimmel-rasen an Blättern, Blüten und Früchten
Echter Mehltau	Weizen, Rebe, Stachelbeere, Apfel, Rose	mehlartiger Belag auf Blattober- und -unterseiten, der abwischbar ist; die Blätter verbräunen und vertrocknen
Falscher Mehltau	Kartoffel (Kraut- und Knollenfäule), Reben, Hopfen *(Peronospora)*, Zierpflanzen	weißgraues Pilzgeflecht auf der Blattunterseite; auf der Blattoberseite anfangs helle unscharfe, später dunkle Flecken
Rostkrankheiten	Getreide, Bohnen, Rosen	gelbe, rotbraune bis schwarze pustelartige Sporenlager auf Blattober- und -unterseite, Absterben der Blätter
Sternrußtau	Rosen	violett-schwarze Flecken mit strahligem Rand; Blätter vergilben und fallen vorzeitig ab

1.2.3 Tierische Schädlinge

Bei den tierischen Schädlingen unterscheidet man:
► Insekten
► Nematoden
► Milben
► Schnecken
► Säugetiere
► Vögel

Insekten

Insekten können in der Landwirtschaft, im Gartenbau und im Forst große wirtschaftliche Schäden verursachen. Im Hinblick auf ihre Bekämpfung muss man zwischen beißenden und saugenden Insekten unterscheiden.

Bei den **beißenden Insekten** schädigen meist die Larvenstadien (Larve, Raupe, Made, Engerling). Bei den **saugenden Insekten** verursachen sowohl die Larven als auch die Vollinsekten Schäden an Pflanzen.

Abb. 4. Typische Fraßbilder

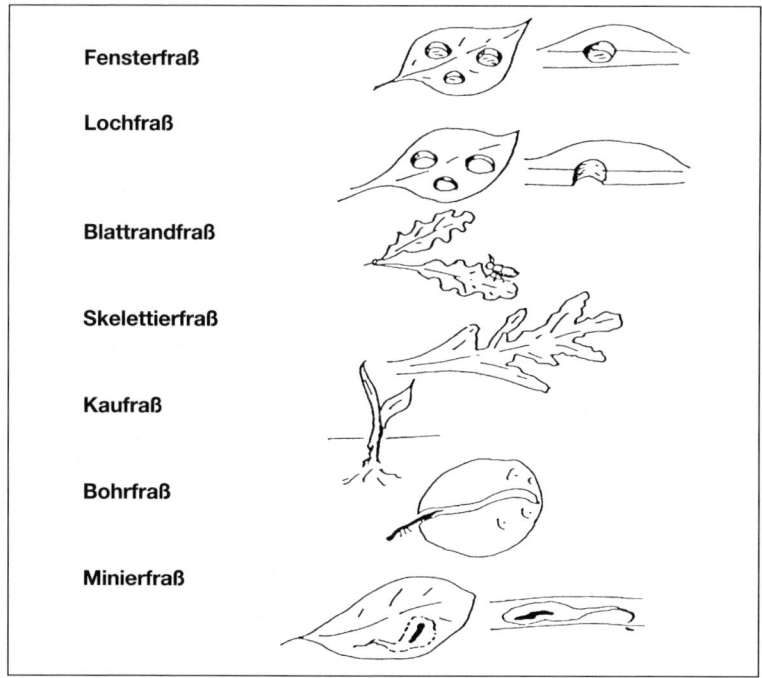

Fensterfraß	
Lochfraß	
Blattrandfraß	
Skelettierfraß	
Kaufraß	
Bohrfraß	
Minierfraß	

Die Insektenlarven oder die ausgewachsenen Tiere verursachen **typische Fraßbilder:**

▶ **Fensterfraß:** Die Haut einer Blattseite bleibt stehen (z. B. Getreidehähnchen, Kohlmotte).

▶ **Lochfraß:** Die Blätter bzw. Knollen werden lochartig durchgefressen (z. B. Erdflöhe, Engerlinge).

▶ **Randfraß:** Vom Rand her werden Teile der Blattfläche weggefressen (z. B. Blattrandkäfer, Dickmaulrüßler).

▶ **Skelettierfraß:** Nur die dickeren Blattadern bleiben stehen (z. B. Kartoffelkäfer, Großer Kohlweißling).

▶ **Kaufraß:** Das Blatt wird zerkaut und der austretende Pflanzensaft aufgesaugt (z. B. Getreidelaufkäferlarve).

▶ **Minierfraß:** Die Larve frisst im Blatt, die obere und untere Blatthaut bleiben intakt (z. B. Rübenfliege, Kastanienminiermotte).

▶ **Bohrfraß:** Die betreffenden Pflanzenteile werden ausgehöhlt (z. B. Drahtwurm, Ungleicher Holzbohrer).

▶ **Fruchtfraß:** Die Larven fressen in den Früchten (z. B. Obstmade des Apfelwicklers, Kirschfruchtfliege).

▶ **Totalfraß** oder Kahlfraß: Das ganze Blatt bzw. das ganze Blattwerk der Pflanzen wird weggefressen (z. B. Maikäfer, Goldafter).

▶ **Saugschäden:** Sprenkelung, Aufhellung, Kräuselung der Blätter (z. B. Blattlaus, Wanzen, Blasenfüße).

Abb. 5. Beispiele für Entwicklungsstufen beißender Insekten mit vollständiger Umwandlung.

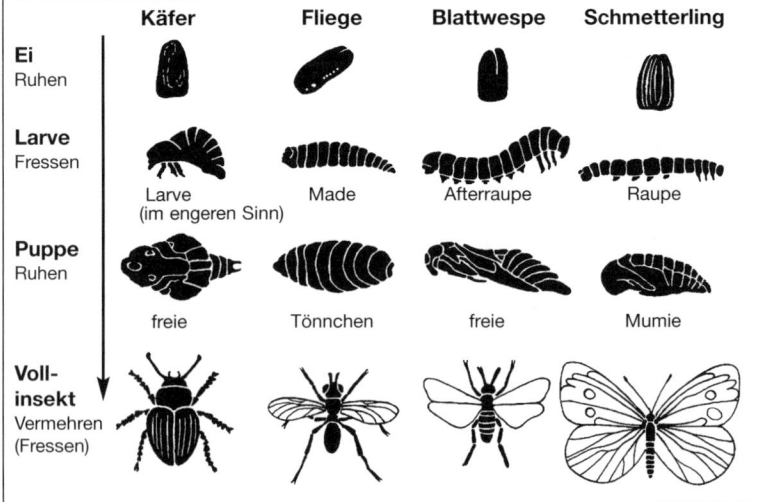

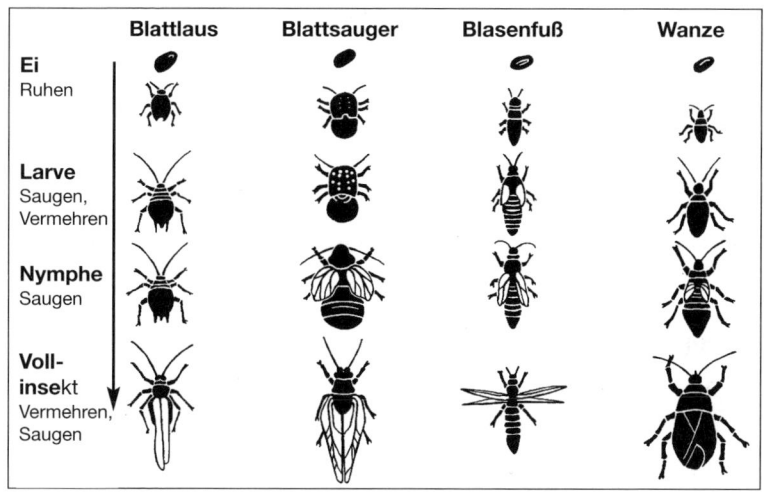

Abb. 6. Beispiele für Entwicklungsstufen saugender Insekten mit unvollständiger Umwandlung.

Nach der Entwicklung unterscheidet man zwei Gruppen bei Insekten:
- ▶ **Vollständige Umwandlung:** Die Tiere durchlaufen nach dem Schlüpfen aus dem Ei die Entwicklungsstadien Larve, Puppe, Vollinsekt (z. B. Käfer, Fliege, Blattwespe, Schmetterling, siehe Abb. 5).
- ▶ **Unvollständige Umwandlung:** Die Jungtiere ähneln während ihrer Entwicklung den erwachsenen Tieren (z. B. Blattläuse, Blattsauger, Blasenfuß (Thripse), Wanzen, siehe Abb. 6).

Nematoden (Älchen oder Fadenwürmer)

Nematoden sind kleine Fadenwürmer von 0,5–10 mm Länge, die im Boden oder in Pflanzen leben. Durch häufiges Anstechen der Wurzeln beim Eindringen in die Pflanze werden Eintrittsöffnungen für Fäulnispilze und Bakterien geschaffen.

Die Ausscheidung von Giftstoffen, der ständige Saftentzug sowie die Zerstörung des Wurzelwerkes lassen die Pflanzen kümmern. Sie welken und können bei starkem Befall eingehen.

Als **Pflanzenschädlinge** von Bedeutung sind insbesondere die an den Wurzeln lebenden Kartoffel- und Rübennematoden und die im oberen Teil der Pflanze lebenden Stock- oder Stängelälchen (z. B. Rübenkopfälchen, Blattälchen an Zierpflanzen).

Da die meisten Nematodenarten bestimmte Pflanzenarten bevorzugen, werden sie zu ausgesprochenen **Fruchtfolgeschädlingen,** wenn die bevorzugten Wirtspflanzen in der Fruchtfolge zu dicht hintereinander angebaut werden.

Bei manchen Nematodenarten schwellen die Weibchen im Laufe ihrer Entwicklung zu braunen Ei- und Larvenkugeln an (*Zystennematoden* an Kartoffeln und Rüben). Wenn diese in ein Feld eingeschleppt werden, können sie dort viele Jahre auch ohne Wirtspflanzen überleben.

Die Verbreitung der Nematoden erfolgt durch Verschleppung an oder in Pflanzen, verseuchte Erde an Maschinen und Schuhen sowie durch Wasser, Wind und Tiere.

Milben

Milben gehören zur Klasse der Spinnentiere. *Pflanzenschädliche Milben* sind 0,5–2,5 mm groß. Sie stechen einzelne Pflanzenzellen an, die so zerstört werden. Im Unterschied zu 6-beinigen Insekten haben die Milben 8 Beine, ihre Larven 6.

Zu unterscheiden sind:

▶ **Weichhautmilben** (z. B. die Erdbeermilbe), deren Tätigkeit zur Verkrüppelung der Blätter führt.

▶ **Gallmilben** (z. B. Johannisbeer-Gallmilbe), auf deren giftigen Speichel die Pflanzen mit Missbildungen, sog. Gallen reagieren.

▶ **Spinnmilben** (z. B. Rote Spinne), die insbesondere Obst, Wein, Hopfen, Zierpflanzen und Unterglaskulturen schädigen. Bei Befall sind die Blattoberseiten gelblich weiß gesprenkelt und fahlgrün. Die Blätter vertrocknen. Auf den Blattunterseiten sind feine Gespinstfäden. Die mit bloßem Auge kaum sichtbaren Spinnmilben sind grünlich bis hellrot gefärbt (Lupe verwenden!).

Neben pflanzenschädigenden Milben gibt es auch *Raubmilben,* die Nematoden, Milben, kleine Insekten und Insekteneier vertilgen und im Rahmen des biologischen Pflanzenschutzes eingesetzt werden.

Schnecken

Schnecken schädigen besonders an jungem Pflanzengewebe, das sie mit der Zunge abraspeln. Sie vermögen innerhalb eines Tages fast die Hälfte ihres Eigengewichtes an grünem Blattwerk zu fressen. Schäden treten besonders in und nach feuchten Witterungsabschnitten auf. Häufig konzentriert sich der Schaden an den Feldrändern, die an Grünlandflächen anschließen.

Säugetiere

Aus der Klasse der Säugetiere müssen vor allem schädliche *Nagetiere* wie z. B. Ratten und Mäuse genannt werden.

Sie schädigen sowohl in den Pflanzenbeständen (Wühlmäuse) als auch vor allem im Lager an Vorräten (Ratten und Mäuse), wo sie nicht nur durch Fraß Substanzverluste verursachen, sondern durch Beschmutzung mit Kot und Urin das Lagergut unbrauchbar machen.

Vögel

Sperling, Fasan, Krähe und Taube schädigen lokal begrenzt an auflaufenden Saaten.
Drosseln und Stare können im Wein- und Obstbau bisweilen erhebliche Schäden verursachen.
Bekämpfungsmaßnahmen sind verboten.
Nur Abschreckungsmittel (Repellents) oder mechanische Abwehrverfahren wie z. B. Überspannen mit Schutznetzen sind erlaubt.

1.2.4 Bakterien

Bakterien sind mikroskopisch kleine, *einzellige Lebewesen.*
Die meisten Bakterien sind außerordentlich *wichtige Zersetzer* von organischem Material in der Natur.
Bestimmte Bakterien können aber Kulturpflanzen schwer schädigen. Sie zersetzen das Pflanzengewebe und führen somit zu *Fäulen* (z. B. Nassfäule der Kartoffel) oder zum *Absterben* ganzer Pflanzenpartien (z. B. Feuerbrand des Kernobstes).
Bakterien dringen in der Regel über Wunden (bei Kartoffeln im Boden oder bei unsachgemäßer Ernte oder Einlagerung) oder über Blütenorgane (z. B. Feuerbrand) in die Pflanze ein.

Tabelle 2. Beispiele für Bakterienkrankheiten

Krankheit	Kulturpflanze	Schadbild
Feuerbrand	Kernobst, Rot- und Weißdorn	absterbende Blüten, Blätter oder Zweige. Ausbreitung sehr schnell; Pflanze sieht wie abgebrannt aus
Wurzelkropf	Obstgehölze, Rüben, Zierpflanzen	krebs- oder kropfartige Wucherungen, vorwiegend an Wurzeln oder am Wurzelhals
Fettfleckenkrankheit	Bohnen	Blattflecken, häufig mit einem hellen Hof umgeben
Ringfäule, Schleimkrankheit	Kartoffeln	Verfärbung in der Knolle, Schleimaustritt, Fäulnis

Die Infektion wird begünstigt durch einen Wasserfilm oder zumindest durch hohe Luftfeuchtigkeit.

Die Verbreitung erfolgt durch Tiere (Insekten, Vögel) oder durch Behältnisse (Blumentöpfe) und Pflegegeräte. Äußerlich sichtbare Befallssymptome sind

▶ **Wucherungen** an Samen, Stängeln oder Wurzeln,
▶ **Faulstellen** (Nass- oder Weichfäule an Blättern, Stängeln und Früchten),
▶ **Welkeerscheinungen,**
▶ **Blattflecken.**

Eine sichere Diagnose kann nur durch Laboruntersuchungen gestellt werden.

1.2.5 Viren

Viren sind extrem kleine *Eiweißkörper ohne eigenen Stoffwechsel.* Sie vermehren sich innerhalb eines fremden Wirtsorganismus durch Umsteuerung seines Stoffwechsels. Die Schäden werden meist durch Verstopfung der Leitungsbahnen der Wirtspflanze hervorgerufen. Der Befall wird erkennbar an gestauchtem Wuchs, Blattkräuselungen, Blattverfärbung von grün nach gelb bis rot.

Tabelle 3. Beispiele für Viruskrankheiten

Krankheit	Kulturpflanze	Schadbild
Blattrollkrankheit	Kartoffel	steife, eingerollte Blätter
Mosaikkrankheit	Tomate, Kartoffel, Gurke	mosaikartige Scheckung der Blätter, Wuchshemmung
Scharka-krankheit	Zwetschge, Pflaume	Blattflecken, Missbildungen und Scheckungen der Früchte

Es gibt viele Möglichkeiten der Virus-Übertragung:
▶ **Tiere** (Vektoren): Blattläuse, Schildläuse, Zikaden, Nematoden,
▶ **Pflanzgutübertragung:** Virusverseuchtes Pflanzgut bei Kartoffeln,
▶ **virusverseuchte Reiser** bei Pfropfung in Baumschulen,
▶ **mechanische Übertragung:** Durch Berührung von Blatt zu Blatt oder Berührung und Verletzung durch Arbeitsgeräte.

Virus-Krankheiten sind Ursache z. B. für den »Kartoffelabbau« (Blattrollvirus, Mosaik-Virus). Durch diese Krankheiten sinken der Ertrag und die Qualität von Anbau zu Anbau rapide ab.

Tabelle 4. Schadursachen auf einen Blick

Schaderreger	Beispiele	Schäden
Unkräuter, Ungräser	Klettenlabkraut, Ampfer, Distel, Vogelmiere, Kamille, Flughafer, Windhalm, Ackerfuchsschwanz, Hirsearten	Konkurrenz für Kultur, Qualitätseinbußen, Erschwernis bei Pflege und Ernte, Wirtspflanzen für Schädlinge, Giftpflanzen
Pilze	Echter und Falscher Mehltau, Schorf, Septoria, Roste, Brand-Krankheiten	Zerstörung des Gewebes, Verschmutzung, Qualitätsverlust
Bakterien	Feuerbrand, Ringfäule der Kartoffel, Schwarzbeinigkeit	Zerstörung der Pflanze
Virosen	Vergilbungskrankheit der Zuckerrüben, Kartoffelabbau, Obst-Virosen	Ertrags- und Qualitätsverluste
Insekten	Kartoffelkäfer, Apfelwickler, Blattläuse, Frit- und Kohlfliegen, Wanzen	Fraß- und Saugschäden
Nematoden	Zystennematoden an Kartoffeln und Zuckerrüben, Wurzelgallenälchen, Stängelälchen	Wuchsdepressionen, Ertrags- und Qualitätsverluste
Milben	Spinnmilben, Mehlmilben	Saug- und Qualitätsschäden
Schnecken	Ackernacktschnecken, Gehäuseschnecken	Fraßschäden
Säugetiere	Ratten, Mäuse, Wildschweine	Fraßschäden, Verschmutzung
Vögel	Spatzen, Grünlinge, Fasane, Tauben	Fraßschäden
Nährstoffmangel	Bor, Mangan, Magnesium	Zerstörung des Pflanzengewebes
Nährstoffüberschuss	Stickstoff	erhöhte Krankheitsanfälligkeit
Standort, Wetter	Bodenverdichtung, Hagel	vermindertes Wachstum, Pflanzenzerstörung

Tabelle 5. Mögliche Qualitätseinbußen durch unterlassenen Pflanzenschutz

Beispiel	Schäden
Knollenfäule	faule, ungenießbare Kartoffelknollen
Steinbrand	nach Heringslake stinkendes, ungenießbares Getreide
Schimmelpilze	Gesundheitsgefährdung durch giftige Stoffwechselprodukte (Mykotoxine)
Spelzenbräune	Schmachtkorn bei Getreide
Apfelwickler	Fraßgänge und Kot, Fäulen und Schimmel als Sekundärschäden, verwurmte Äpfel
Blattläuse, Raupen, Schnecken im Gemüse	Unansehnlichkeit, Ungenießbarkeit

---

Überprüfen Sie Ihr Wissen mit den Fragen 101–147 des Fragenkataloges. Die Lösungen finden Sie am Ende des Buches.

2 Rechtsvorschriften im Bereich des Pflanzenschutzes

2.1 Pflanzenschutzrecht

2.1.1 Pflanzenschutz-Gesetz

Mit dem Pflanzenschutz-Gesetz vom 14. Mai 1998 wurden die Vorschriften der Europäischen Gemeinschaft im Bereich Pflanzenschutz in deutsches Recht umgesetzt. Die Harmonisierung der Rechtsvorschriften auf EU-Ebene ist erforderlich, um Wettbewerbsverzerrungen in der pflanzlichen Produktion zu vermeiden und einen einheitlichen Sicherheitsstandard zu gewährleisten.

Zweck des Pflanzenschutz-Gesetzes

Zweck des Pflanzenschutz-Gesetzes ist es,
▶ Kulturpflanzen und Pflanzenerzeugnisse vor parasitären und nichtparasitären Beeinträchtigungen zu schützen,
▶ Gefahren abzuwenden, die durch die Anwendung von Pflanzenschutzmitteln oder durch andere Maßnahmen des Pflanzenschutzes, insbesondere für die Gesundheit von Mensch und Tier und für den Naturhaushalt, entstehen können und
▶ Rechtsakte der Europäischen Gemeinschaft im Bereich des Pflanzenschutzrechts durchzuführen.

Vor diesem Hintergrund stellen sich *vor* der Anwendung von Pflanzenschutzmitteln grundsätzlich folgende Fragen:

Ist die Anwendung eines bestimmten Mittels
▶ überhaupt notwendig?
▶ erlaubt?
▶ mit einer bestimmten Auflage erlaubt?
▶ an einer bestimmten Stelle erlaubt?
▶ für einen bestimmten Zweck erlaubt?
▶ zu einem bestimmten Zeitpunkt erlaubt?
▶ mit Risiken für den Anwender behaftet?

Das Pflanzenschutz-Gesetz ist das »Grundgesetz« für alles pflanzenschutzliche Tun sowie Grundlage für eine ganze Reihe von speziellen

Verordnungen (z. B. Pflanzenschutzmittel-Verordnung, Pflanzenschutz-Anwendungs-Verordnung, Bienenschutz-Verordnung), die Antworten auf diese Fragen geben.

Wichtige Einzelbestimmungen des Gesetzes

Für Praktiker sind insbesondere folgende Bestimmungen wichtig:
- ▶ Gute fachliche Praxis,
- ▶ Zulassung,
- ▶ Indikationszulassung,
- ▶ Genehmigung,
- ▶ Freilandflächen,
- ▶ Haus- und Kleingartenbereich,
- ▶ Sachkunde,
- ▶ Abgabe von Pflanzenschutzmitteln,
- ▶ Anwendung von Pflanzenschutzmitteln zu Versuchszwecken
- ▶ Anzeigepflicht
- ▶ Pflanzenstärkungsmittel
- ▶ Aufbrauchfrist
- ▶ regelmäßige Gerätekontrolle.

Gute fachliche Praxis

Pflanzenschutz darf nur nach guter fachlicher Praxis durchgeführt werden. *Die Grundsätze für die Durchführung der guten fachlichen Praxis* sind vom Bundesministerium für Ernährung, Landwirtschaft und Verbraucherschutz (BMELV) mit Beteiligung der Bundesländer im Einvernehmen mit dem Umweltministerium aufgestellt und im Bundesanzeiger bekanntgegeben worden.
Zur guten fachlichen Praxis gehört, dass die Grundsätze des Integrierten Pflanzenschutzes und der Schutz des Grundwassers berücksichtigt werden (siehe Seite 58, Kapitel 5).

Zulassung

Pflanzenschutzmittel dürfen nur **in den Verkehr gebracht** (gehandelt) oder **eingeführt** werden, wenn sie vom Bundesamt für Verbraucherschutz und Lebensmittelsicherheit (BVL) **zugelassen** oder mit in Deutschland zugelassenen Pflanzenschutzmitteln **identisch** sind.

Indikationszulassung

Pflanzenschutzmittel dürfen einzeln oder gemischt mit anderen nur in den bei der **Zulassung festgesetzten** und in der **Gebrauchsanleitung angegebenen** oder **amtlich genehmigten Anwendungsgebieten** und nur ent-

sprechend den **festgesetzten Anwendungsbestimmungen** angewandt werden.
Die in der Gebrauchsanleitung der Pflanzenschutzmittel aufgeführten Anwendungsgebiete und -bestimmungen und die sonstigen Bestimmungen des Gesetzes sind strikt zu beachten. Wer vorsätzlich oder fahrlässig die Vorschriften nicht befolgt, begeht eine *Ordnungswidrigkeit,* die mit einer *Geldbuße* bis zu 50 000 Euro geahndet werden kann.

Genehmigung der Anwendung von Pflanzenschutzmitteln

Das Bundesamt für Verbraucherschutz und Lebensmittelsicherheit BVL kann die Anwendung eines zugelassenen Pflanzenschutzmittels auch in einem anderen als mit der Zulassung festgesetzten Anwendungsgebiet genehmigen. In Einzelfällen kann auch die zuständige Landesbehörde eine Genehmigung der Anwendung eines zugelassenen Pflanzenschutzmittels erteilen.
Voraussetzung für beide Genehmigungsverfahren ist, dass die Anwendung an Pflanzen erfolgt, die nur in geringfügigem Umfang angebaut werden oder gegen Schadorganismen, die nur gelegentlich oder nur in bestimmten Gebieten erhebliche Schäden verursachen.
Die Genehmigung des BVL gilt bundesweit, die der Landesbehörde nur für den Antragsteller.

Freilandflächen

Pflanzenschutzmittel dürfen nur auf **landwirtschaftlich, gärtnerisch** oder **forstwirtschaftlich genutzten Flächen** angewandt werden. Dazu zählen nicht die angrenzenden Feldraine, Böschungen, nicht bewirtschaftete Flächen und Wege einschließlich der Wegränder.
Ausdrücklich *verboten* ist die Anwendung von Pflanzenschutzmitteln in oder unmittelbar an oberirdischen Gewässern.
Die zuständige Behörde kann unter bestimmten Voraussetzungen *Ausnahmen* von diesen Verboten genehmigen, wenn der angestrebte Zweck vordringlich ist und mit zumutbarem Aufwand auf andere Weise nicht erzielt werden kann und überwiegende öffentliche Interessen, insbesondere des Schutzes von Tier- und Pflanzenarten, nicht entgegenstehen.

Haus- und Kleingartenbereich

Pflanzenschutzmittel dürfen im Haus- und Kleingartenbereich nur dann angewandt werden, wenn sie mit der Angabe »**Anwendung im Haus- und Kleingartenbereich zulässig**« gekennzeichnet sind.

Sachkunde für Anwender von Pflanzenschutzmitteln

Jeder, der Pflanzenschutzmittel in einem Betrieb der Landwirtschaft einschließlich des Gartenbaues oder der Forstwirtschaft oder zum Zwecke des Vorratsschutzes anwendet, Pflanzenschutz für andere betreibt oder Auszubildende betreut, muss sachkundig sein. Der Gesetzgeber unterstellt die **Sachkunde,** wenn der Anwender eine fachbezogene Berufsausbildung absolviert hat (z. B. Landwirt, Gärtner, Forstwirt, Winzer).

Die Sachkunde ist auf Verlangen der zuständigen Behörde nachzuweisen. Liegt keine entsprechende Berufsausbildung vor, kann die Sachkunde durch das Bestehen einer **Sachkundeprüfung** nachgewiesen werden.

Sachkunde für Abgeber von Pflanzenschutzmitteln

Auch **Verkäufer** von Pflanzenschutzmitteln müssen sachkundig sein. Bei der Abgabe von Pflanzenschutzmitteln im Einzel- und Versandhandel hat der Verkäufer den Käufer über die Anwendung des Pflanzenschutzmittels, insbesondere über Verbote und Beschränkungen, zu unterrichten.

Pflanzenschutzmittel dürfen nicht durch Automaten oder durch andere Formen der Selbstbedienung in den Verkehr gebracht werden. Die Vorschriften auf Grund des **Chemikalien-Gesetzes** über die Abgabe gefährlicher Stoffe und Zubereitungen gelten für die Abgabe von Pflanzenschutzmitteln entsprechend.

Die Anwendung und das Feilhalten sowie die Abgabe von Pflanzenschutzmitteln sind von der zuständigen Behörde ganz oder teilweise zu untersagen, wenn der Anwender oder Verkäufer nicht die erforderliche **Zuverlässigkeit** und die erforderlichen **Kenntnisse** hat, die die Gewähr dafür bieten, dass keine vermeidbaren schädlichen Auswirkungen auf die Gesundheit von Mensch und Tier und den Naturhaushalt auftreten.

Anwendung von Pflanzenschutzmitteln zu Versuchszwecken

Pflanzenschutzmittel dürfen zu Versuchszwecken nur angewandt werden, wenn die Anwendung keine schädlichen Auswirkungen auf die Gesundheit von Mensch und Tier, auf das Grundwasser oder den Naturhaushalt erwarten läßt. Sie dürfen ferner nur angewandt werden, wenn der Anwender die dafür erforderlichen fachlichen **Kenntnisse** und **Fertigkeiten** (Sachkunde) der zuständigen Behörde nachgewiesen hat.

Anzeigepflicht

Wer Pflanzenschutzmittel **für andere** – außer gelegentlicher Nachbarschaftshilfe – **anwenden** oder zu gewerblichen Zwecken andere über die Anwendung von Pflanzenschutzmitteln **beraten** will, hat dies der zuständigen Behörde vor Aufnahme der Tätigkeit anzuzeigen.

Auch wer Pflanzenschutzmittel zu gewerblichen Zwecken oder im Rahmen sonstiger wirtschaftlicher Unternehmungen **in den Verkehr bringen** will, hat dies der für den Betriebssitz zuständigen Behörde vor Aufnahme der Tätigkeit anzuzeigen.

Pflanzenstärkungsmittel

Pflanzenstärkungsmittel dürfen nur in den Verkehr gebracht werden, wenn sie bei bestimmungsgemäßer und sachgerechter Anwendung keine schädlichen Auswirkungen auf die Gesundheit von Mensch und Tier, das Grundwasser und den Naturhaushalt haben, in einer **Liste des Bundesamtes für Verbraucherschutz und Lebensmittelsicherheit** (BVL) aufgenommen sind und auf der Verpackung den Hinweis »Pflanzenstärkungsmittel« und die Listennummer tragen.

Sie dürfen ebenfalls nicht durch Automaten oder andere Formen der Selbstbedienung in den Verkehr gebracht werden.

Aufbrauchfrist

Pflanzenschutzmittel dürfen nach dem **Ende ihrer Zulassung** noch bis zum Ablauf des zweiten auf das Ende der Zulassung folgenden Jahres angewandt werden. Nach Ende der Zulassung eines Pflanzenschutzmittels ist dessen Rückgabe an den Zulassungsinhaber, den Einführer oder dessen Vertreter oder an einen von diesen beauftragten Dritten zulässig. Die Aufbrauchfrist gilt nicht, wenn die Zulassung des Pflanzenschutzmittels vom BVL widerrufen wurde.

Regelmäßige Gerätekontrolle

Pflanzenschutzgeräte für Flächen- und Raumkulturen dürfen nur in den Verkehr gebracht oder eingeführt werden, wenn sie so beschaffen sind, dass ihre **bestimmungsgemäße** und **sachgerechte Verwendung** keine schädlichen Auswirkungen auf die Gesundheit von Mensch und Tier, das Grundwasser und den Naturhaushalt hat, die nach dem Stande der Technik vermeidbar sind.

Vor dem erstmaligen *Inverkehrbringen* oder *der Einfuhr* von Pflanzenschutzgeräten muss gegenüber der Biologischen Bundesanstalt für Land- und Forstwirtschaft (BBA) erklärt werden, dass der Gerätetyp diesen Anforderungen entspricht. Die BBA führt eine Liste der Gerätetypen, für die eine solche *Erklärung* abgegeben worden ist.

Für die im Gebrauch befindlichen Pflanzenschutzgeräte für Flächen- und Raumkulturen (außer Kleingeräten, die von einer Person getragen werden können) verlangt der Gesetzgeber eine regelmäßige Gerätekontrolle, bei der im Abstand von *2 Jahren* die Funktionstüchtigkeit aller wichtigen Geräteteile überprüft wird. Geräte ohne **gültige Prüfplakette** dürfen nicht eingesetzt werden (siehe auch Seite 101).

2.1.2 Pflanzenschutz-Anwendungs-Verordnung

In den Anlagen zu dieser Verordnung sind alle Stoffe ausgewiesen, deren Anwendung als Pflanzenschutzmittel

▶ einem vollständigen Anwendungsverbot,
▶ einem eingeschränkten Anwendungsverbot,
▶ Anwendungsbeschränkungen oder
▶ besonderen Abgabebedingungen

unterliegt.

Eingeschränkte Anwendungsverbote können z. B. in bestimmten Kulturen, zu bestimmten Zeiten, bei bestimmten Indikationen gelten.

Anwendungsbeschränkungen gelten z. B. für Wasserschutzgebiete, Heilquellenschutzgebiete, Naturschutzgebiete, Nationalparks, Naturdenkmäler, landesrechtlich besonders geschützte Biotope und bestimmte Oberflächen von Nichtkulturland.

Besondere Abgabebedingungen gelten für bestimmte Wirkstoffe, die auf Nichtkulturflächen angewendet werden sollen.

Dem Verkäufer muss vor der Abgabe des Pflanzenschutzmittels vom Kunden eine Genehmigung zur Anwendung vorgelegt werden.

2.1.3 Bienenschutz-Verordnung

Diese Verordnung besagt, dass

▶ bienengefährliche Pflanzenschutzmittel im Umkreis von 60 m zu Bienenständen innerhalb des täglichen Bienenflugs nur mit Zustimmung des Imkers ausgebracht werden dürfen,
▶ bienengefährliche Pflanzenschutzmittel nicht angewandt werden dürfen
 – an blühenden Pflanzen (Ausnahme: Kartoffeln und Hopfen),
 – an Pflanzen, die von Bienen angeflogen werden (z. B. bei vorhandenem Honigtau),
 – wenn blühende Pflanzen mitgetroffen werden können (Unkräuter!).
▶ Eine Pflanze gilt dann als blühend, sobald sich die erste Blüte geöffnet hat (siehe auch Seite 93).

2.1.4 Pflanzenschutzmittel-Verordnung

Diese Verordnung regelt u. a. das Verfahren der **Antragstellung für die Zulassung** und **Genehmigung** von Pflanzenschutzmitteln, für die **Verkehrsfähigkeitsbescheinigung** für Pflanzenschutzmittel sowie die **Aufnahme von Pflanzenstärkungsmitteln in die Liste des BVL.** In einem zweiten Abschnitt sind die **Anforderungen** an **Pflanzenschutzgeräte** sowie die **Verpflichtung zu deren Prüfung** enthalten.

2.2 Lebensmittelrecht

2.2.1 Rückstands-Höchstmengen-Verordnung

Das Lebensmittelrecht beschäftigt sich im Rahmen der Rückstands-Höchstmengen-Verordnung u. a. mit Pflanzenschutzmittel-Rückständen in und auf Lebensmitteln.

Sie verfolgt das Ziel, den Verbraucher vor gesundheitsschädigenden Rückständen von Pflanzenschutzmittelwirkstoffen in und auf den Nahrungsmitteln zu schützen und legt hierzu die maximal zulässigen Mengen an Rückständen fest. Die Rückstands-Höchstmengen-Verordnung stützt sich auf das Lebensmittel- und Futtermittelgesetzbuch (siehe auch Seite 78).

2.2.2 Trinkwasser-Verordnung

Wasser ist das wichtigste Lebensmittel, das es im besonderen Maße zu schützen gilt. Im Trinkwasser dürfen festgesetzte Grenzwerte für chemische Stoffe nicht überschritten werden. Für organisch-chemische Pflanzenschutzmittelwirkstoffe einschließlich ihrer Hauptabbauprodukte liegt der **Grenzwert** für einen einzelnen Wirkstoff bei 0,0001 mg/l und für die Summe aller Wirkstoffe bei 0,0005 mg/l.

2.3 Wasserrecht

Gemäß **Wasserhaushalts-Gesetz** können Gewässer und das Grundwasser vor nachteiligen Einwirkungen durch die Ausweisung von **Wasserschutzgebieten** geschützt werden, so weit es das Wohl der Allgemeinheit erfordert.

In den Wasserschutzgebieten können bestimmte Handlungen verboten oder für beschränkt zulässig erklärt werden. Eigentümer und Besitzer von Grundstücken können zur Duldung bestimmter Maßnahmen verpflichtet werden (siehe auch Seite 88).

2.4 Chemikalienrecht

Ziel des Chemikaliengesetzes ist es unter anderem, den Menschen und die Umwelt vor schädlichen Einwirkungen gefährlicher Stoffe und Zubereitungen zu schützen.

2.4.1 Gefahrstoff-Verordnung

Sie regelt Einzelheiten des Chemikalien-Gesetzes und zielt darauf ab, durch Regelungen über die Einstufung, Kennzeichnung, Verpackung und das Inverkehrbringen von gefährlichen Stoffen, Zubereitungen und bestimmten Erzeugnissen und den Umgang mit Gefahrstoffen den Menschen vor arbeitsbedingten und sonstigen Gesundheitsgefahren und die Umwelt vor stoffbedingten Schädigungen zu schützen.

Gefährliche Stoffe und Zubereitungen sind Stoffe oder Zubereitungen, die sehr giftig, giftig, gesundheitsschädlich, ätzend, reizend, sensibilisierend, Krebs erzeugend, die Fortpflanzung gefährdend, Erbgut verändernd, umweltgefährlich oder entzündlich sind.

Die **Kennzeichnung** gefährlicher Stoffe und Zubereitungen muss auf der Verpackung haltbar angegeben und in deutscher Sprache abgefasst sein.

Sehr giftige und giftige Zubereitungen als Pflanzenschutzmittel müssen einen abschreckenden Geschmack oder Geruch aufweisen. Als Fraß- und Kontaktgifte zur Nagetierbekämpfung müssen sie auffallend und dauerhaft so gefärbt sein, dass sie nicht mit Lebens- oder Futtermitteln verwechselt werden können.

2.4.2 Chemikalien-Verbotsverordnung

Sie regelt das Inverkehrbringen gefährlicher Stoffe und Zubereitungen, die Erlaubnis- und Anzeigepflicht beim Inverkehrbringen, Informations- und Aufzeichnungspflichten bei der Abgabe sowie die Erfordernis der Sachkunde nach dieser Verordnung.

Wer sehr giftige und giftige Stoffe und Zubereitungen in den Verkehr bringen will, bedarf der Zustimmung der zuständigen Behörde. Sie wird in der Regel von der Kreis- bzw. Bezirksverwaltung erteilt. Voraussetzung für die Erteilung sind der **Nachweis der Sachkunde,** die **Zuverlässigkeit** (polizeiliches Führungszeugnis) und ein **Mindestalter** von 18 Jahren.

Für die Abgabe von giftigen (T) und sehr giftigen (T+) Pflanzenschutzmitteln muss der Abgeber entweder die Sachkunde nach der Sachkundeverordnung oder die eingeschränkte Sachkunde nach der Chemikalienverbotsverordnung nachweisen können.

Überprüfen Sie Ihr Wissen mit den Fragen 201–227 des Fragenkataloges.

---

3 Zulassung, Genehmigung und Kennzeichnung von Pflanzenschutzmitteln

Chemische Pflanzenschutzmittel gehören zu den bestuntersuchten Stoffen überhaupt. Für die Entwicklung eines neuen Mittels werden zahlreiche Versuche und Untersuchungen im Labor, im Gewächshaus und im Freiland durchgeführt. Hinzu kommen sehr aufwändige und teure Prüfungen hinsichtlich der Giftigkeit für Mensch und Tier und den Naturhaushalt. Von der Erstsynthese des Wirkstoffes bis zu seiner Markteinführung als Pflanzenschutzmittel vergehen in der Regel 10 Jahre. Von den jährlich über 100 000 erzeugten Ausgangssubstanzen haben bestenfalls 1–2 eine Chance, als Pflanzenschutzmittel auf den Markt zu kommen. Die Entwicklungskosten für ein Pflanzenschutzmittel belaufen sich auf etwa 200 Mio. Euro.

Nach Pflanzenschutzgesetz darf ein Pflanzenschutzmittel in Deutschland nur dann vertrieben, gehandelt und angewendet werden, wenn es amtlich zugelassen ist. Pflanzenschutzmittel dürfen nur in den bei der Zulassung **festgesetzten Anwendungsgebieten** eingesetzt werden. Für Kulturen mit einem nur geringen Anbauumfang streben die Pflanzenschutzmittelhersteller aus wirtschaftlichen Gründen häufig keine Zulassung an. Damit bestehen bei solchen Kulturen **Indikationslücken,** d. h. es sind für viele Schaderreger keine Mittel ausgewiesen.

In derartigen Fällen können beim Bundesamt für Verbraucherschutz und Lebensmittelsicherheit (BVL) für zugelassene Pflanzenschutzmittel **Anträge auf Genehmigung der Anwendung in anderen Kulturen** gestellt werden. Die Genehmigung wird erteilt, wenn für die Anwendung ein öffentliches Interesse besteht, die erforderlichen Angaben und Unterlagen vorgelegt werden, die Wirksamkeit gegeben ist und bei sachgerechter Anwendung keine nicht vertretbaren Auswirkungen auf die zu schützenden Pflanzen und Pflanzenerzeugnisse zu erwarten sind. Derartige Genehmigungen werden im Bundesanzeiger veröffentlicht und gelten bundesweit.

Soweit im Einzelfall Schaderreger bei *Kleinstkulturen* (Anbauumfang in Deutschland unter 600 ha) bekämpft werden müssen, für die in der Zulassung ebenfalls kein Anwendungsgebiet ausgewiesen ist, können die zuständigen *Länderbehörden* auf Antrag eine Genehmigung erteilen. Diese Genehmigung gilt nur für den Einzelfall, d. h. nur für den Antragsteller.

3.1 Gang der Zulassung eines Pflanzenschutzmittels

Der Hersteller oder der Importeur, der ein neues Pflanzenschutzmittel erstmals in Deutschland vertreiben will, muss beim Bundesamt für Verbraucherschutz und Lebensmittelsicherheit einen **Zulassungsantrag** stellen.
Dem Antrag beizufügen sind umfangreiche Untersuchungsbefunde aus verschiedenartigsten Versuchen mit diesem Mittel.

Abb. 7. Ablauf des Zulassungsverfahrens für Pflanzenschutzmittel.

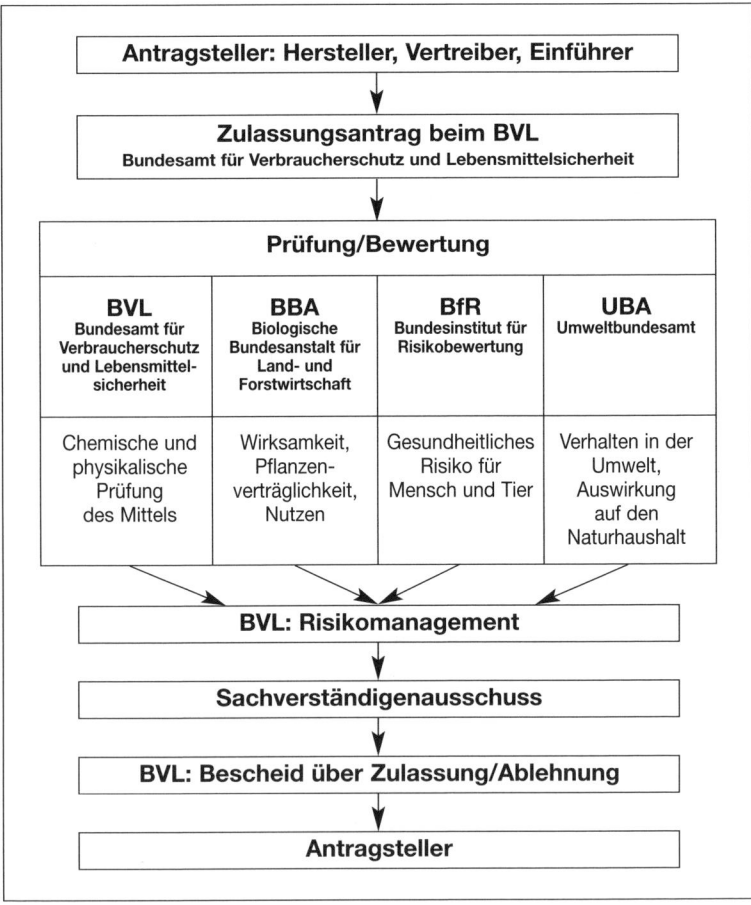

So z. B.:

- ▶ **Giftigkeit** für Mensch und Tier,
- ▶ **Rückstandsverhalten** in der Pflanze sowie in Lebens- und Futtermitteln,
- ▶ **Abbauverhalten** in Pflanze, Boden, Wasser und Luft,
- ▶ **Versickerungsverhalten** im Boden,
- ▶ **biologische Wirksamkeit** gegenüber dem Schaderreger,
- ▶ **Unverträglichkeit** gegenüber Kulturpflanzen,
- ▶ **Auswirkungen** auf Gewässer- und Nutzorganismen,
- ▶ **spezielle Untersuchungsbefunde** aus Tierexperimenten hinsichtlich möglicher krebserregender, erbgutverändernder oder gewebeverändernder Risiken.

Die Untersuchungen zur biologischen Wirksamkeit und Verträglichkeit gegenüber Kulturpflanzen werden von den *Pflanzenschutzämtern* der Bundesländer oder von amtlich anerkannten Prüfeinrichtungen erarbeitet.

Das *Bundesamt für Verbraucherschutz und Lebensmittelsicherheit* verteilt die Antragsunterlagen an die Bewertungsstellen *Biologische Bundesanstalt für Land- und Forstwirtschaft* (BBA) (Bewertung der Wirksamkeit, der Pflanzenverträglichkeit und des Nutzens), das *Bundesinstitut für Risikobewertung* (BfR) (Bewertung des gesundheitlichen Risikos für Mensch und Tier) und an das *Umweltbundesamt* (UBA) (Bewertung des Pflanzenschutzmittels auf sein Verhalten in der Umwelt).

Das BVL übernimmt auf Basis der Stellungnahmen der Bewertungsbehörden das *Risikomanagement.*

Im *Sachverständigenausschuss*, in dem Mitglieder aus den Fachbereichen Pflanzenschutz, Gesundheitsschutz, Umwelt- und Naturschutz mit Vertretern der genannten Bundesbehörden zusammenkommen, erfolgt eine eingehende Bewertung der Wirkstoffe und Pflanzenschutzmittel. Hier wird beraten, ob das beantragte Mittel ohne Bedenken als Pflanzenschutzmittel zugelassen werden kann.

Das Bundesamt für Verbraucherschutz und Lebensmittelsicherheit erteilt sodann den endgültigen Bescheid über Zulassung oder Ablehnung des Mittels. Die Zulassung wird in der Regel für 10 Jahre ausgesprochen und im Bundesanzeiger veröffentlicht.

Die Anforderungen, die ein Mittel erfüllen muss, um als Pflanzenschutzmittel zugelassen zu werden, sind in den Jahren ständig gestiegen.

3.2 Informationen auf der Packung und in der Gebrauchsanleitung

Der **Käufer** von Pflanzenschutzmitteln muss die **Sicherheit** haben, nur amtlich zugelassene Präparate zu bekommen. Er kann diese Tatsache an bestimmten Bestandteilen der **Gebrauchsanleitung** erkennen, die der Packung aufgedruckt bzw. beigelegt ist (siehe Abb. 8).

Bestandteile der Gebrauchsanleitung sind:

▶ **Handelsname** des Präparates.

▶ **Wirkstoffname** mit Angabe der **Konzentration** (Gramm [g] oder Milliliter [ml] Wirkstoff pro l oder kg Handelsprodukt).

▶ **Zulassungszeichen** des BVL: Dieses Zeichen (siehe Abb. 9) darf einem Präparat nur verliehen werden, das in allen geforderten Prüfungen die gestellten Anforderungen erfüllt hat und vom Sachverständigenausschuss als zulassungsfähig bewertet wird.

▶ **Zulassungsnummer:** Unter dem Dreieck befindet sich eine Nummer, mit der dieses Präparat beim BVL in der Liste der zugelassenen Präparate registriert ist.

▶ **Festgesetzte Anwendungsgebiete:** Mit der Zulassung legt die Zulassungsbehörde die Anwendungsgebiete für ein Pflanzenschutzmittel

Abb. 8. Bestandteile der Gebrauchsanleitung.

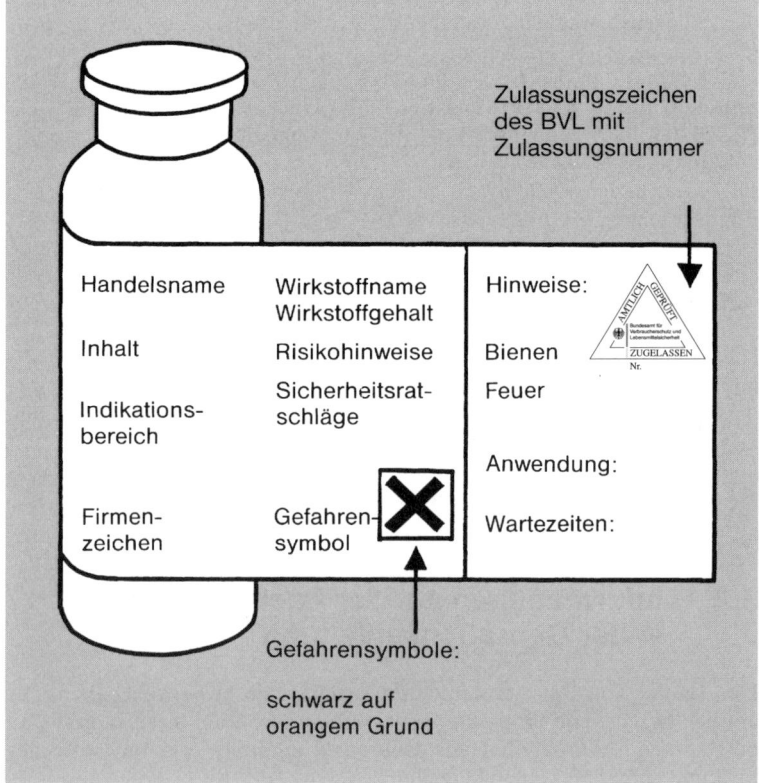

AMTLICH GEPRÜFT
Bundesamt für
Verbraucherschutz und
Lebensmittelsicherheit
ZUGELASSEN

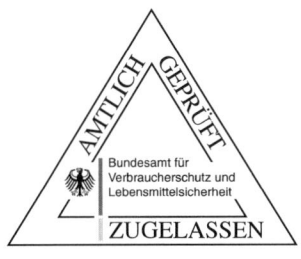

Abb. 9. Zulassungszeichen des BVL.

Abb. 10. Gefahrensymbole und Gefahrenbezeichnungen (schwarzer Aufdruck auf orangegelbem Grund).

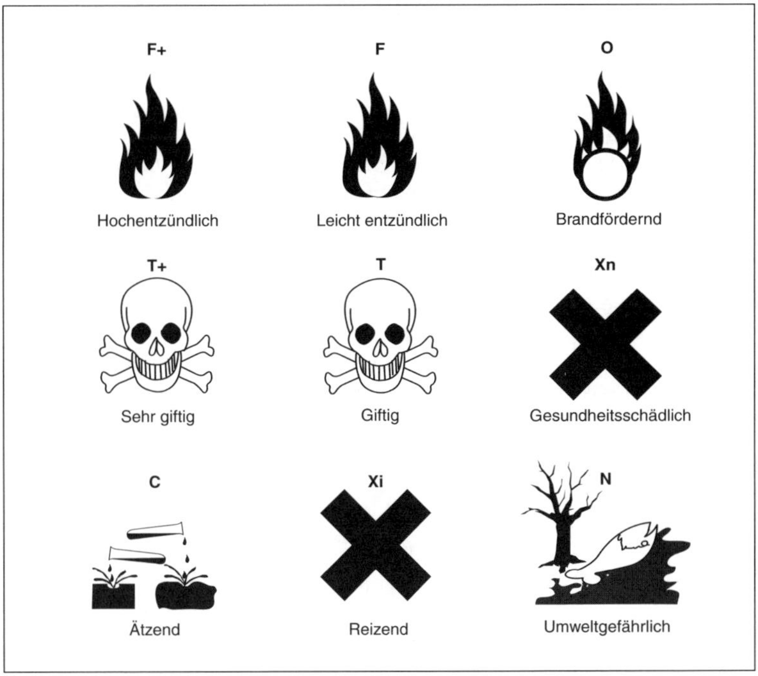
F+
Hochentzündlich
F
Leicht entzündlich
O
Brandfördernd
T+
Sehr giftig
T
Giftig
Xn
Gesundheitsschädlich
C
Ätzend
Xi
Reizend
N
Umweltgefährlich

fest. Das Gesetz versteht unter Anwendungsgebiet »bestimmte Pflanzen, Pflanzenarten oder Pflanzenerzeugnisse zusammen mit denjenigen Schadorganismen, gegen die Pflanzen oder Pflanzenerzeugnisse geschützt werden sollen oder den sonstigen Zweck, zu dem das Pflanzenschutzmittel angewandt werden soll.«

Beispiel: Ridomil Gold Combi gegen Falschen Mehltau bei Hopfen oder SWITCH gegen Grauschimmel an Erdbeeren.

▶ **Festgesetzte Anwendungsbestimmungen**
Die Zulassungsbehörde (BVL) setzt die zum Schutz der Gesundheit von Mensch und Tier und die zum Schutz vor sonstigen schädlichen Auswirkungen, insbesondere auf den Naturhaushalt erforderlichen Anwendungsbestimmungen fest.

Von besonderer Bedeutung sind dabei die Anwendungsbestimmungen zum Schutz des Grund- und Oberflächenwassers, der Wasserorganismen und der sog. Nichtzielorganismen.
Beispiele:

– **Anwendungszeitpunkt**
»Keine Anwendung auf gedränten Flächen zwischen dem 1. Juni und dem 1. März«

– **Bodenart**
»Keine Anwendung auf Böden mit einem mittleren Tongehalt größer/gleich 30 %«

– **Abstand zu Oberflächengewässern**
»Zwischen der behandelten Fläche und einem Oberflächengewässer muss ein Mindestabstand von 20 m eingehalten werden.«

– **Schutz von Nichtzielorganismen**
»Die Anwendung des Mittels muss in einer Breite von mindestens 20 m zu angrenzenden Flächen (ausgenommen landwirtschaftlich oder gärtnerisch genutzte Flächen, Straßen, Wege und Plätze) mit einem verlustmindernden Gerät erfolgen.

Der Einsatz verlustmindernder Technik ist nicht erforderlich, wenn die Anwendung in einem Gebiet erfolgt, das über einen ausreichenden Anteil an Kleinstrukturen verfügt.«

Ein Verstoß gegen die bei der Zulassung festgesetzten und in der Gebrauchsanleitung abgedruckten Anwendungsbestimmungen stellt eine Ordnungswidrigkeit dar, die mit Bußgeld bis zu 50 000,– Euro geahndet werden kann.

▶ **Gefahrensymbole:** Pflanzenschutzmittel haben die Aufgabe, Schadorganismen abzutöten. Sie müssen deshalb für diese giftig wirken. Das heißt aber nicht, dass jedes Pflanzenschutzmittel auch für Warmblüter (Mensch und Säugetier) ebenfalls als Gift zu betrachten ist. Um dem Anwender von Pflanzenschutzmitteln sofort unmissverständliche Hinweise auf deren Gefährlichkeit zu geben, sind die Präparate mit Gefahrensymbolen versehen (siehe Abb. 10).

Diese Einstufung bezieht sich auf die Gefährlichkeit des unverdünnten Originalmittels. Da aber jedes Pflanzenschutzmittel – auch ein ungiftiges, das keinerlei Symbol trägt – als Fremdstoff zu betrachten ist, sollte jegliche Berührung damit auf ein unvermeidbares Minimum beschränkt werden.

Die sog. *Zubereitungsrichtlinie der Europäischen Gemeinschaft* sieht vor, dass alle chemischen Produkte nach denselben Kriterien eingestuft und gekennzeichnet werden. Ab dem 30. Juli 2004 müssen die Pflanzenschutzmittelverpackungen mit entsprechenden Gefahrensymbolen und -hinweisen versehen sein.

Soweit Produkte für den Verkauf an private Endverbraucher bestimmt sind, müssen die Packungen mit kindergesicherten Verschlüssen und/oder ertastbaren Warnzeichen versehen sein.

Die neue Richtlinie setzt ein Einstufungssystem um, das mehr auf den möglichen Gefahren als auf den tatsächlichen Risiken beruht.

Alle Produkte, die als sehr giftig oder giftig für Gewässerorganismen zu betrachten sind, müssen als »umweltgefährlich« eingestuft und mit dem entsprechenden Gefahrensymbol versehen werden.

► **Schutzhinweise** und **-gebote:** Hat ein Präparat im Verlauf der Zulassungsprüfung bestimmte Risiken für die Gesundheit von Mensch und Tier oder für den Naturhaushalt erkennen lassen, so sind in der Gebrauchsanleitung entweder Hinweise auf diese Risiken, Kennzeichnungsauflagen oder ausdrückliche Anwendungsverbote für bestimmte Anwendungsbereiche enthalten. Diese Hinweise werden bei besonderen Gefahren in sog. *Risikosätzen,* bei Sicherheitshinweisen in Sicherheitsratschlägen oder Auflagen zusammengefasst.
Beispiele:
– Aus dem Bereich **Anwenderschutz:**
  »Giftig beim Verschlucken« oder
  »Giftig bei Berührung mit der Haut« oder
  »Dicht abschließende Schutzbrille bei der Ausbringung der Mittel tragen« oder
  »Beim Ausbringen des Pflanzenschutzmittels Schutzanzug tragen« oder
  »Gewächshäuser sind nach der Anwendung des Mittels vor dem Wiederbetreten gründlich zu lüften«.
– Aus dem Bereich **Wasserschutz:**
  »Keine Anwendung auf Flächen, von denen die Gefahr einer Abschwemmung in Gewässer – insbesondere durch Regen oder Bewässerung – gegeben ist. In jedem Falle sind folgende Mindestabstände zu Oberflächengewässern einzuhalten« oder
  »Mittel und dessen Reste sowie entleerte Behälter und Packungen von Gewässern fern halten«.

»Das Mittel ist fischgiftig« oder
»Das Mittel ist giftig für Fischnährtiere«.

▶ **Wartezeiten:** Für jede vorgesehene Anwendung wird bei der Zulassung eine Wartezeit festgelegt, die darüber Auskunft gibt, wie viele Tage mindestens zwischen der letzten Mittelausbringung und der Ernte bzw. frühestmöglichen Nutzung des jeweiligen Gutes vergehen müssen (siehe Kapitel Verbraucherschutz Seite 78).

Die Anwendung von Pflanzenschutzmitteln nach guter fachlicher Praxis setzt voraus, dass gegen diese Hinweise nicht verstoßen wird.

---

*In der Gebrauchsanleitung sind alle Angaben zu finden, die der verantwortungsvolle Anwender von Pflanzenschutzmitteln wissen muss. Deshalb: **Gebrauchsanleitung beachten!***

Überprüfen Sie Ihr Wissen mit den Fragen 301–330.

4 Eigenschaften, Wirkungen und Anwendungsverfahren von Pflanzenschutzmitteln

4.1 Begriffserklärungen

Pflanzenschutzmittel sind Stoffe, die dazu bestimmt sind
▶ Pflanzen oder Pflanzenerzeugnisse vor Schadorganismen und nicht-parasitären Beeinträchtigungen zu schützen,
▶ die Lebensvorgänge von Pflanzen zu beeinflussen, ohne ihrer Ernährung zu dienen (Wachstumsregler),
▶ das Keimen von Pflanzenerzeugnissen zu hemmen.
Als Pflanzenschutzmittel gelten auch Stoffe, die dazu bestimmt sind, Pflanzen abzutöten oder das Wachstum von Pflanzen zu hemmen oder zu verhindern.

Je nach **Wirkungsbereich** lassen sich unterscheiden:

Akarizide	=	Mittel gegen Milben,
Bakterizide	=	Mittel gegen Bakterienkrankheiten,
Fungizide	=	Mittel gegen Pilzkrankheiten,
Herbizide	=	Mittel gegen Unkräuter und Ungräser,
Insektizide	=	Mittel gegen Insekten,
Molluskizide	=	Mittel gegen Schnecken,
Nematizide	=	Mittel gegen Nematoden,
Rodentizide	=	Mittel gegen Nagetiere,
Repellents	=	Abschreckungsmittel, Vergrämungsmittel,
Pheromone	=	Sexuallockstoffe, Schreckstoffe.

Keine Pflanzenschutzmittel sind
– Wasser,
– Düngemittel im Sinne des Düngemittel-Gesetzes und
– Pflanzenstärkungsmittel.
Pflanzenstärkungsmittel sind Stoffe, die
▶ ausschließlich dazu bestimmt sind, die Widerstandsfähigkeit von Pflanzen gegen Schadorganismen zu erhöhen,
▶ dazu bestimmt sind, Pflanzen vor nichtparasitären Beeinträchtigungen zu schützen,
▶ für die Anwendung an abgeschnittenen Zierpflanzen (außer Anbaumaterial) bestimmt sind (Frischhaltemittel).

4.2 Bestandteile eines Pflanzenschutzmittels

Ein Pflanzenschutzmittel besteht aus:
- ▶ Dem **aktiven Wirkstoff** (Angabe in % oder g/l oder g/kg),
- ▶ **Zusatzstoffen,** die den Wirkstoffen zugesetzt werden, um ihre Eigenschaft oder ihre Wirkungsweise zu verändern bzw. zu verbessern, z. B.
  - *Haftmittel* zur besseren Haftung des Spritzbelages,
  - *Netzmittel* zur besseren Benetzung bzw. Verteilung des Spritzbelages,
  - *Schaumbremser* zur Verhinderung zu starker Schaumentwicklung beim Ansetzen und Einfüllen der Spritzbrühe,
  - *Emulgatoren* zur feinen Verteilung eines öligen Mittels in Wasser,
  - *Warnfarbstoffe* bei giftigen Wirkstoffen (z. B. Giftgetreide),
  - *Lösungsmittel,*
  - *Streckmittel* zur besseren Handhabung des Mittels (oftmals 50 % und mehr des Endproduktes).

Wenn sich verschiedene Pflanzenschutzmittel bisweilen nicht mischen lassen, d. h. wenn sie ausflocken, so beruht diese Erscheinung meist auf der gegenseitigen Unverträglichkeit dieser Zusatzstoffe.

Deshalb sind stets die Angaben des Mittelherstellers über **Mischungsmöglichkeiten** zu beachten oder erprobte Mischungstabellen zu Rate zu ziehen.

4.3 Saat- und Pflanzgutbehandlung

Die Saatgutbehandlung ist der erste Schritt zur Ertragssicherung.

Tabelle 6. Saatgutbürtige Krankheitserreger des Getreides

Saat- und Auflaufkrankheiten
- ▶ Schneeschimmel
- ▶ Spelzenbräune

Erkrankung in späteren Entwicklungsstadien
- ▶ Weizensteinbrand
- ▶ Streifenkrankheit der Gerste
- ▶ Haferflugbrand
- ▶ Weizen- und Gerstenflugbrand

Blatt- und Ährenkrankheiten
- ▶ Schneeschimmel
- ▶ Fusarium-Fuß- und -Ährenkrankheiten
- ▶ Blatt- und Spelzenbräune
- ▶ Rhynchosporium-Blattfleckenkrankheit
- ▶ Netzfleckenkrankheit der Gerste
- ▶ Braunfleckenkrankheit des Hafers

Beizmittel

Saatgutbürtige Krankheiten wie Steinbrand, Zwergsteinbrand, Flugbrand, Streifenkrankheit der Gerste, Schneeschimmel können durch Beizen des Saatgutes bekämpft werden. Das Beizen richtet sich aber auch gegen Schadpilze in der Keimzone und teilweise gegen boden- und luftbürtige Krankheitserreger im Jungpflanzenstadium (z. B. Mehltau).

Saatgutpuder

Sie enthalten insektizide Wirkstoffe und werden z. B. gegen Drahtwurm, Brachfliege, Rapserdfloh, Moosknopfkäfer oder Tipula (Larve der Wiesenschnaken) eingesetzt.

Elektronenbehandlung

Sie stellt eine Alternative zur chemischen Beizung dar. Das Saatgut wird mit Elektronen beschossen. Dadurch werden die an der Samenoberfläche anhaftenden Krankheitserreger abgetötet.

Saatgutinkrustierung

Dieses Verfahren wird vor allem bei der Behandlung von Gemüse-, Raps-, Rüben- und Maissaatgut zur Bekämpfung tierischer Schädlinge angewandt. Mit Hilfe eines Haftmittels wird das Insektizid am Saatkorn angelagert.
Diese Behandlung kann die Fließeigenschaft des Saatgutes verändern. Deshalb muss die Drillmaschine unbedingt exakt abgedreht werden.

Saatgutpillierung

Zum Erzielen einheitlicher Korngrößen wird das Saatgut von Rüben und kleinsamigem Gemüse industriell mit einer Pillierungsmasse aus Gesteinsmehl oder anderem Material umhüllt, dem Fungizide und Insektizide beigemischt sind.

Pflanzgutbehandlung

Pflanzkartoffeln, Blumenzwiebeln, Stecklinge und Jungpflanzen können entweder durch Einpudern oder durch Nassbehandlung (Eintauchen in Lösungen mit chemischen Mitteln gegen Pilze, Bakterien oder tierische Schädlinge) geschützt werden.

Vergrämungsmittel

Zum Schutz des Saatgutes vor Vogelfraß kann eine Behandlung mit einem Vergrämungsmittel erfolgen. Sobald die Saat »spitzt«, nimmt die abschreckende Wirkung rasch ab.

4.4 Herbizide

Von allen chemischen Pflanzenschutzmaßnahmen entfällt mehr als die Hälfte auf die Unkrautbekämpfung.
Bei der Auswahl des geeigneten Mittels und seiner Anwendung ist zu beachten, dass ein Herbizid grundsätzlich nicht nur gegen Unkräuter und Ungräser wirkt, sondern bei unsachgemäßer Anwendung auch Kulturpflanzen schädigen kann.

Abb. 11. Wirkungsweise von Herbiziden.

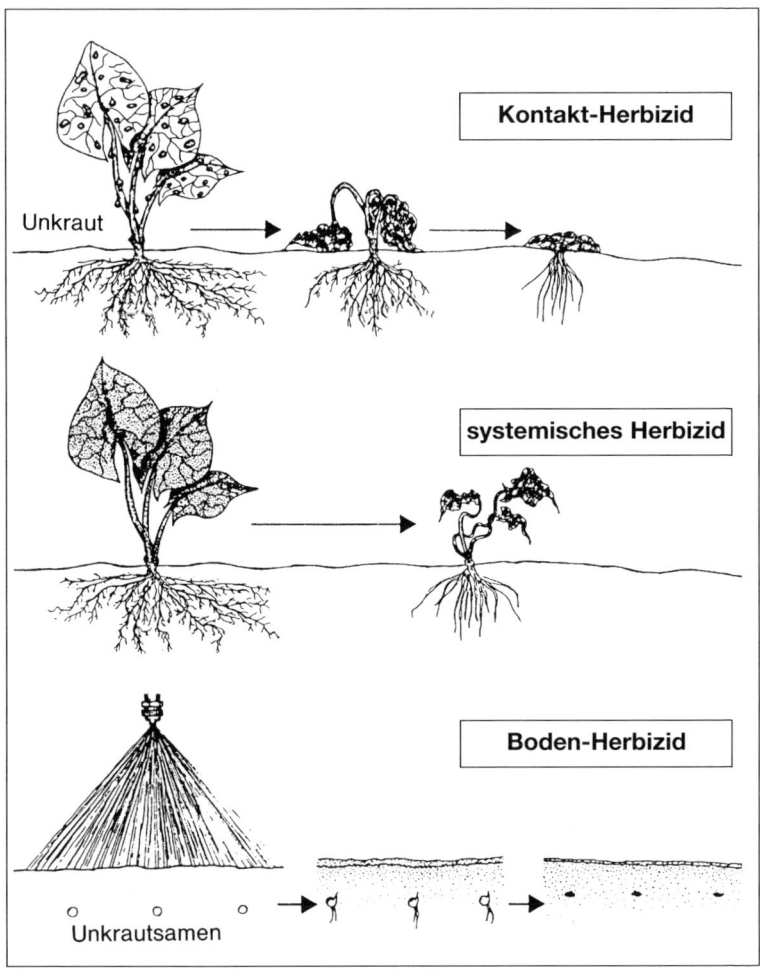

Herbizide lassen sich einteilen:
Nach dem Ort ihrer *Aufnahme* in die Pflanze in
▶ Blattherbizide,
▶ Bodenherbizide,
nach ihrer *Wirkungsweise* in
▶ Kontaktherbizide,
▶ systemisch wirkende Herbizide und
nach ihrer *Wirkungsbreite* in
▶ nicht selektiv wirkende Mittel + Totalherbizide,
▶ selektiv wirkende Mittel (nur bestimmte Unkräuter oder Ungräser werden erfasst).

Bodenherbizide

Bei Bodenherbiziden erfolgt die Wirkstoffaufnahme über den jungen Keimling, die Wurzel, z. T. auch über das Blatt. Entscheidend für den Bekämpfungserfolg sind ausreichende Bodenfeuchtigkeit und Berücksichtigung des Ton- und Humusgehaltes des Bodens. Zu beachten sind auch sortenspezifische Einschränkungen und eventuelle Nachbaubeschränkungen. Bodenherbizide können im Vorsaateinarbeitungs-, Vorauflauf- und Nachauflaufverfahren eingesetzt werden.
Das Anwendungsgebiet der Bodenherbizide erstreckt sich auf alle Kulturen des Ackerbaus. Auf Grund der Dauerwirkung im Boden werden auch später keimende Unkrautpflanzen erfasst.

Blattherbizide

Die Wirkstoffe in Blattherbiziden werden vorwiegend über das Blatt aufgenommen und wirken entweder nur am Ort der Benetzung = Kontaktherbizide oder systemisch, d. h. auch die Wurzel wird abgetötet. Die Wirkung und z. T. auch die Kulturverträglichkeit werden von Faktoren wie Temperatur, Lichtintensität, Luftfeuchtigkeit und Unkrautgröße beeinflusst.

Kontaktherbizide

Sie wirken nur am Ort der Benetzung der Pflanze und werden innerhalb der Pflanze nicht oder nur unwesentlich weitertransportiert. Die Pflanzen gehen durch Verätzung oder durch Störung des Stoffwechsels zu Grunde.
Kontaktherbizide eignen sich zur Bekämpfung von Samenunkräutern. Wurzelunkräuter werden nicht ausreichend bekämpft. Die Kontaktherbizide besitzen eine gute Kulturpflanzenverträglichkeit und sind hinsichtlich der Schädigungsgefahr durch Abdrift weniger bedenklich. Deshalb werden sie in der Nähe von wuchsstoffempfindlichen Kulturen vorzugsweise verwendet. Haupteinsatzgebiete sind Getreide und Mais.

Systemisch wirkende Herbizide

Nach der Aufnahme werden die Wirkstoffe im Gefäßsystem der Pflanzen verteilt. Hierdurch können auch hartnäckige Wurzelunkräuter bekämpft werden.
Diese Mittel führen zu übersteigertem Wachstum, schweren Missbildungen, Stoffwechselstörungen und schließlich zum Absterben der Unkräuter. Die Wirkstoffaufnahme erfolgt zum größten Teil über das Blatt.
Die Anwendung erfolgt ab 3- bis 4-Blatt-Stadium bis zum Ende der Bestockung des Getreides. Die teilweise sehr spezifische Wirkung erfordert vor dem Kauf der Mittel das Feststellen der im Bestand vorherrschenden Unkräuter (= Leitunkräuter).

Nicht selektiv wirkende Herbizide

Nicht selektive Herbizide töten nahezu alle behandelten Pflanzen ab. Durch spezielle Ausbringtechniken (z. B. Unterblattbehandlung) können nicht selektive Herbizide auch im Bestand eingesetzt werden. Bei einzelnen Kulturen (z. B. Mais, Raps) wurden Sorten gezüchtet, in die mit Hilfe der Gentechnik eine Toleranz gegen bestimmte nicht selektive Herbizide eingefügt wurde.

Selektiv wirkende Herbizide

Sie wirken gezielt gegen bestimmte Pflanzen (Unkräuter, Ungräser) und schonen die Kulturpflanzen. Vor allem im Getreidebau wird auch zwischen *Breitbandherbiziden* und *Spezialherbiziden* unterschieden. Breitbandherbizide sind Kombinationspräparate aus mehreren Wirkstoffen, die viele Unkrautarten und teilweise auch Ungräser gut bekämpfen. Spezialherbizide wirken gezielt gegen Leitunkräuter, wie Klettenlabkraut, Kamille und Distel, oder gegen Ungräser, wie Ackerfuchsschwanz und Windhalm.
Bei der Anwendung von Herbiziden gelten folgende **Grundsätze**:
► Die Auswahl des Mittels richtet sich nach dem vorhandenen Unkrautbesatz.
► Die einzelnen Wirkstoffe haben unterschiedliche Wirkungsbreiten.
► Entscheidend ist der richtige Anwendungszeitpunkt unter Berücksichtigung der Witterungs- und Bodenverhältnisse. Bodenherbizide benötigen genügend Bodenfeuchtigkeit, Wuchsstoffe erreichen ihre optimale Wirkung bei wüchsiger Witterung. Kühle Witterung und hohe Temperaturen können die Wirkung vermindern.
► Die Anwendung immer gleicher Herbizide kann zur Resistenzbildung bestimmter Unkräuter führen. Deshalb ist ein Wirkstoffwechsel angezeigt.
► Die Anwendung kann im Vorsaat-Vorauflauf und im Nachauflaufverfahren erfolgen.

Tabelle 7. Welches Herbizid zu welchem Termin?

Termin	Entwicklungs-zustand Kulturpflanze	Entwicklungs-zustand Unkraut	Herbizid
Vorsaat	nicht gesät	nicht aufgelaufen	Bodenherbizid
		aufgelaufen	Kontaktherbizid, systemisches Herbizid
Vorauflauf	gesät, aber noch nicht aufgelaufen	nicht aufgelaufen	Bodenherbizid
		aufgelaufen	Kontaktherbizid, systemisches Herbizid
Nachauf-lauf	aufgelaufen	nicht aufgelaufen	Bodenherbizid
		aufgelaufen	Kontaktherbizid, systemisches Herbizid

▶ Die Ausbringung des Herbizides kann im *Einzelpflanzenverfahren* (z. B. Ampfer), als *Bandspritzung* (Behandlung in der Pflanzenreihe, der Zwischenraum zwischen den Reihen bleibt unbehandelt z. B. bei Rüben) und als *Ganzflächenbehandlung* erfolgen.

> *Die **Anwendung von Herbiziden** auf befestigten, versiegelten Flächen ist verboten.*
> *Herbizide dürfen nicht auf Flächen angewandt werden, von denen Regenwasser direkt in Oberflächengewässer oder die Kanalisation abgeführt wird.*
> *Deshalb keine Herbizidanwendung auf z. B. Verbundsteinpflaster, Plattenwegen, Dächern, Garageneinfahrten.*
> *Ein **Verstoß** dagegen stellt eine **Ordnungswidrigkeit** dar und kann mit einer Geldbuße bis zu 50 000 Euro geahndet werden.*

4.5 Fungizide

Fungizide Wirkstoffe sind Substanzen, die die Entwicklung von Schadpilzen an und in unseren Kulturpflanzen hemmen oder völlig unterbinden. Die anorganischen Schwefel- oder Kupferpräparate wurden von den organisch-synthetischen Verbindungen in den Hintergrund gedrängt. Die Fungizide lassen sich nach ihrer **Wirkungsweise** in zwei Gruppen einteilen:

▶ **Kontaktfungizide** töten Pilzsporen und ihre Keimschläuche lediglich auf der Pflanzen- oder Saatgutoberfläche ab und müssen daher vor dem Eindringen des Pilzes in die Pflanze, d. h. vorbeugend eingesetzt werden. Der Schutzbelag muss auf der Oberfläche der zu schützenden Organe möglichst gleichmäßig verteilt werden. Neu zuwachsende Blätter ohne Spritzbelag sind nicht geschützt. Der Spritzbelag muss nach einem Regen erneuert werden.

▶ **Systemisch wirkende Fungizide** werden über Blätter oder Wurzeln aufgenommen und im Gefäßsystem überwiegend nach oben transportiert. Ihre Vorteile sind:
  – Schutz vor Abwaschung durch Niederschläge,
  – Schutz auch neu zuwachsender Pflanzenteile,
  – Bekämpfung von Pilzen, die bereits in die Pflanze eingedrungen sind (heilende Wirkung).

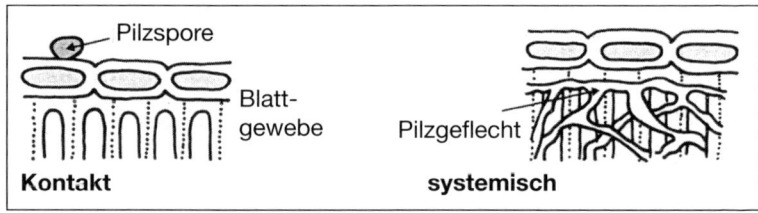

Abb. 12. Wirkungsweise von Fungiziden.

▶ Einige Fungizide bilden auf der Pflanzenoberfläche stabile **Wirkstoffdepots.** Durch **Diffusion** verteilen sie sich auf und in der Pflanze. Sie besitzen eine lange vorbeugende Wirkungsdauer, weitgehend unabhängig von Witterungseinflüssen (z. B. Strobilurine).

Die Auswahl der Wirkstoffe muss unter dem Gesichtspunkt der Wirkungsbreite und der Vermeidung von Resistenzbildung beim Schaderreger erfolgen. Die meisten Kontaktfungizide greifen im Stoffwechsel der Schadpilze gleichzeitig an mehreren Stellen an. Dank ihrer unspezifischen Wirkungsweise erfassen sie meist ein breites Erregerspektrum. Die Gefahr der Resistenzbildung ist als gering einzustufen.

Die systemischen Fungizide haben dagegen meist eine sehr spezifische Wirkungsweise und greifen im Stoffwechsel des Schadpilzes vorrangig nur an einem Wirkort an. Dies erklärt auch die Eingrenzung der Wirkung auf jeweils verwandte Schaderregergruppen.

Bereits durch eine einzige Änderung im Erbgut kann sich der Schadpilz an ein Fungizid anpassen. Bei Fungiziden mit spezifischer Wirkungsweise besteht ein höheres Risiko resistenter Erregerformen. Um der **Resistenzbildung** vorzubeugen, muss bei wiederholt erforderlichen Behandlungen ein *Wirkstoffwechsel* vorgenommen oder eine *Wirkstoffkombination* gewählt werden.

4.6 Insektizide

Wirkstoffe mit lokaler Wirkung

Sie treffen den Schädling entweder direkt oder sie werden durch möglichst gleichmäßiges Verteilen auf der Pflanzenoberfläche durch ihn aufgenommen. Einige Insektizide haben eine gute Tiefenwirkung, die insbesondere zur Bekämpfung minierender Schädlinge (z. B. Maden der Rübenfliege) erforderlich ist.

Wirkstoffe mit systemischer Wirkung

Sie werden schnell von der Pflanze aufgenommen und in ihr weiterverteilt. Als wichtigste **Anwendungsvorteile** der systemischen Insektizide sind zu nennen:
► Die schnelle Aufnahme durch die Pflanze vermindert die Gefährdung nützlicher Insekten. Schon wenige Stunden nach der Anwendung werden nur noch an Pflanzen saugende oder fressende Insekten erfasst, deren natürliche Feinde (Nützlinge) aber geschont.
► Die gute Verteilung in der Pflanze erreicht auch versteckt sitzende, mit lokal wirksamen Mitteln nur schwer zu treffende Schädlinge.
► Die Anforderungen an die Verteilung des Mittels und an die Witterungsbeständigkeit sind geringer; durch die schnelle Aufnahme werden die Wirkstoffe dem Einfluss der Außenfaktoren weitgehend entzogen.

Wirkstoffe, die die Entwicklung der Insekten hemmen

Diese **Entwicklungshemmer** beeinträchtigen die Häutung im Larvenstadium des Insekts oder unterbinden die Chitinbildung, so dass während der Häutung keine neue Kutikula (Außenhaut) gebildet wird.

Wirkstoffgruppen

Die Insektizide lassen sich in folgende **Wirkstoffgruppen** einteilen:
► Phosphorsäureester,
► Carbamat-Insektizide,
► synthetische Pyrethroide,
► Neonicotinoide.
Phosphorsäureester zeichnen sich aus durch
– gute Wirksamkeit nicht nur gegen fressende, sondern auch gegen saugende Insekten und Milben;
– schnellen Wirkungsbeginn, kürzere Wirkungsdauer;
– schnellen Abbau in und auf der Pflanze, d. h. geringere Rückstandsgefahr und kurze Wartezeiten.
Bei den **Carbamat-Insektiziden** gibt es eine Vielzahl an Wirkstoffen, die

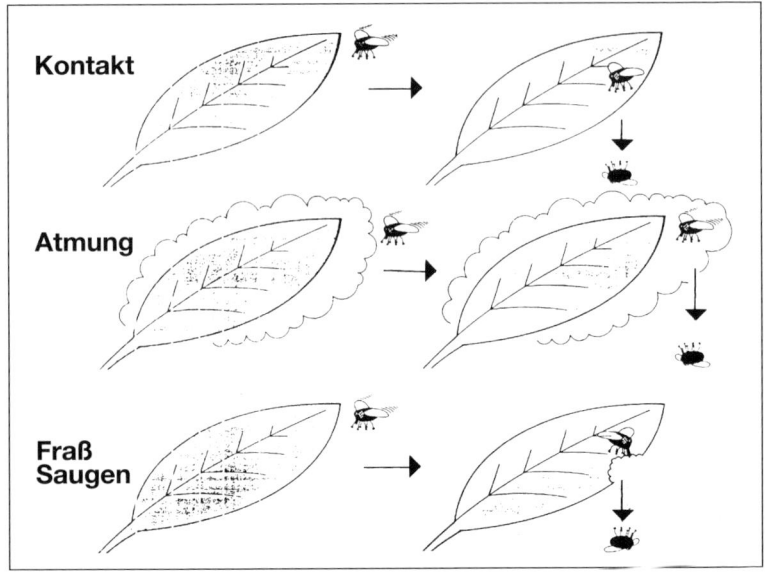

Kontakt

Atmung

Fraß Saugen

Abb. 13. Aufnahme von Insektiziden durch den Schädling.

sich hinsichtlich Wirkungsweise, Wirkungsbreite und der akuten Giftigkeit unterscheiden. Sie werden bevorzugt eingesetzt bei Resistenzerscheinungen gegen Wirkstoffe aus anderen Mittelgruppen.

Synthetische Pyrethroide besitzen vorwiegend eine Kontakt- und Fraßwirkung. Sie zeichnen sich durch hohe Wirksamkeit bereits bei geringen Aufwandmengen und durch geringe Warmblütergiftigkeit aus. Meist sind sie sehr fischgiftig und z. T. auch als bienengefährlich eingestuft. Sie besitzen eine ausgeprägte Sofortwirkung und einen breiten Wirkungsbereich. Pyrethroide sind bereits bei niedrigen Temperaturen voll wirksam und haben eine relativ lange Wirkungsdauer.

Neonicotinoide haben eine geringe Warmblütertoxizität, ausgezeichnete systemische Eigenschaften und eine lange Wirkungsdauer. Sie wirken als Kontakt- und Fraßgifte. Besonders gut werden saugende Insekten wie Blattläuse, Zikaden und Thripse sowie einige Käferarten bekämpft.

Als **natürlicher Wirkstoff** kommt Azadirachthin zum Einsatz, das aus Blättern des Neembaumes gewonnen wird.

Mineralöle verstopfen die Atmungsorgane und ersticken die Insekten. Sie werden im Obst- und Weinbau zur Austriebsspritzung gegen Spinnmilben und an Ziergehölzen gegen Schildlaus- und Schmierlausarten eingesetzt.

Akarizide

Akarizide werden gegen Spinnmilben, Gallmilben und Weichhautmilben eingesetzt. Viele der organischen Phosphorverbindungen haben auch eine Wirkung gegen Milben. Daneben gibt es eine Reihe von Spezial-Akariziden. Bei der Spinnmilbenbekämpfung sollten nur Mittel eingesetzt werden, die Raubmilben und Nützlinge schonen.

4.7 Wachstumsregler und Keimhemmungsmittel

Beide Mittelgruppen sind keine Pflanzenschutzmittel im engeren Sinne, sind diesen aber durch Gesetz und im Sprachgebrauch gleichgestellt. Man versteht darunter »Stoffe, die dazu bestimmt sind, die Lebensvorgänge von Pflanzen zu beeinflussen, ohne ihrer Ernährung zu dienen«.

Das Wachstum von Pflanzen und bestimmte Lebensvorgänge in der Pflanze werden durch *Pflanzenhormone (Phytohormone)* gesteuert. Wachstumsregler sind in der Wirkung ähnliche Stoffe, die synthetisch hergestellt werden.

Sie werden eingesetzt bei Getreide zur Halmverkürzung und zur Verstärkung der Halmwand, um physiologisch oder parasitär bedingtes Lagern zu verhindern. Weitere Einsatzgebiete sind die Verbesserung der Standfestigkeit bei Raps, Fruchtausdünnung bei Äpfeln, die Förderung der Bewurzelung bei Zierpflanzenstecklingen, die Beeinflussung des Blütenansatzes und des Blühzeitpunktes bei Zierpflanzen, das Stauchen von Zierpflanzen u. a.

Keimhemmungsmittel sind Substanzen, die das Austreiben von Vermehrungsorganen hemmen. Als Beispiel ist die Keimhemmung bei eingelagerten Kartoffeln zu nennen.

4.8 Rodentizide

Mittel zur Bekämpfung schädlicher *Nagetiere* werden Rodentizide genannt. Zu den Schadnagern zählen z. B. Wanderratte, Hausmaus, Feldmaus, Wühlmaus.

Die Rodentizide können als Fertigköder gekauft oder durch Begiftung von z. B. Haferflocken selbst hergestellt werden. Pulverförmige Formulierungen werden in Ratten- oder Mäuselöcher sowie auf die häufig begangenen Wechsel der Tiere gestreut. Beim Putzen des Felles und der Füße gelangt das Gift in den Körper und entfaltet seine Wirkung.

Rodentizide sind als

▶ Langzeit- oder

▶ Akutgifte im Handel.

Langzeitgifte führen erst nach mehrmaliger Aufnahme und mit einer Verzögerung von mehreren Tagen zum Tode. Die meisten von ihnen wirken der Blutgerinnung entgegen, so dass die Tiere schmerzlos innerlich verbluten.

Cumarin-Derivate stellen eine Gefährdung für Hunde, Katzen und Schweine dar. Deshalb dürfen die Köder z. B. zur Rattenbekämpfung nur verdeckt in Rattenfutterkästen ausgelegt werden.

Akutgifte bewirken den Tod der Tiere bereits nach einmaliger Aufnahme. Zu den schnell wirksamen Wirkstoffen gehören z. B. Calcium- oder Aluminium-Phosphid. Präparate oder Köder mit diesen Wirkstoffen dürfen nur in geschlossenen Räumen oder unzugänglich für andere Tiere ausgebracht werden. Um Sekundärvergiftungen zu vermeiden, sind tot aufgefundene Tiere einzusammeln und gefahrlos zu beseitigen.

Begasungsmittel sind Akutgifte, die Phosophorwasserstoff entwickeln. Sie sind als Pellets, Patronen oder Granulate zur Schermausbekämpfung im Handel. Da dieser Stoff auch für den Menschen sehr gefährlich ist, wurde die Anwendungserlaubnis auf einen autorisierten, fachkundigen Personenkreis beschränkt.

Fraßgifte können als Fertigköder bezogen oder durch Begiftung z. B. von Haferflocken selbst hergestellt werden. Da diese Wirkstoffe mehrmals gefressen werden müssen, ist so lange nachzulegen, bis keine Aufnahme mehr erfolgt.

Wirkungsweise chemischer Pflanzenschutzmittel

Herbizide:	– Hemmung der Photosynthese
	– Hemmung der Keimung
	– Störung des Wuchses
	– Zerstörung der Zellstruktur
Fungizide:	– Hemmung der Energieproduktion (Stoffwechsel)
	– Einwirkung auf Biosynthese (Wachstum)
	– Zerstörung der Zellstruktur (Abtötung)
Insektizide:	– Wirkung auf das Nervensystem
	– Beeinflussung von Enzymaktivitäten
Wachstumsregulatoren:	– Wirkung auf das Längen- und Dickenwachstum
	– Beeinflussung des Hormonhaushaltes
Rodentizide:	– Verhinderung der Blutgerinnung

4.9 Verhalten chemischer Pflanzenschutzmittel

In der Öffentlichkeit werden Pflanzenschutzmittel häufig mit »Giften« gleichgesetzt. Ein Blick auf die Entwicklung des Pflanzenschutzes zeigt, dass es gelungen ist, die hochgiftigen Stoffe aus der Anfangszeit der chemischen Bekämpfungsverfahren durch weniger giftige oder ungiftige Produkte zu ersetzen. Von den derzeit zugelassenen Pflanzenschutzmitteln sind nur ca. 5 % als giftig oder sehr giftig eingestuft.

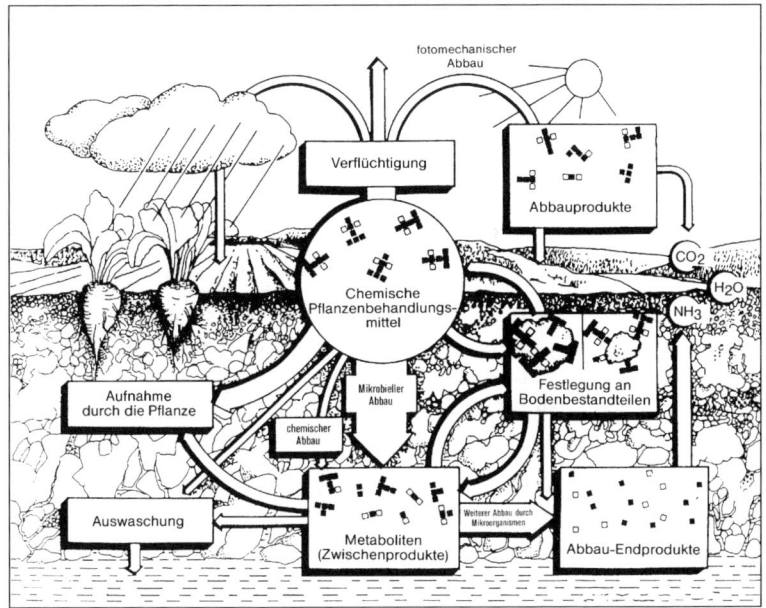

Abb. 14. Schema der Abbauvorgänge chemischer Pflanzenschutzmittel in Pflanze und Boden.

Die derzeit zugelassenen Pflanzenschutzmittel werden im Gegensatz zu den persistenten früherer Jahre auch relativ rasch umgewandelt oder vollständig abgebaut. Beim Um- und Abbau spielen physikalische (UV-Licht, Verflüchtigung), chemische und biologische Vorgänge (Mikroorganismen) eine Rolle.

Die beim **Abbau** entstehenden *Zwischenprodukte* (Metaboliten) verlieren meist ihre ursprüngliche Ausgangswirkung. Im Boden erfolgt der Abbau in der Regel durch Mikroorganismen bis zu Endprodukten wie Kohlendioxid, Wasser, Ammoniak.

Unter bestimmten Bedingungen können Wirkstoffreste oder Umwandlungsprodukte auch an Bodenbestandteile gebunden oder in den Humus eingebaut werden. Inwieweit es beim Humusstoffwechsel wieder zur Freisetzung dieser Substanzen kommt, ist heute noch nicht abschließend geklärt. Das gleiche gilt für mögliche Reaktionen der Umwandlungsprodukte untereinander.

Überprüfen Sie Ihr Wissen mit den Fragen 401–467.

5 Gute fachliche Praxis

Pflanzenschutz darf nur nach **guter fachlicher Praxis** durchgeführt werden. Dies dient der Gesunderhaltung und Qualitätssicherung von Pflanzen und Pflanzenerzeugnissen und der Abwehr von Gefahren, die durch die Anwendung, das Lagern und den sonstigen Umgang mit Pflanzenschutzmitteln für die Gesundheit von Mensch und Tier sowie für den Naturhaushalt entstehen können.

Pflanzenschutz nach guter fachlicher Praxis beinhaltet die Durchführung von Pflanzenschutzmaßnahmen, die

▶ in der Wissenschaft als gesichert gelten,
▶ auf Grund praktischer Erfahrungen als geeignet, angemessen und notwendig anerkannt sind,
▶ von der amtlichen Beratung empfohlen werden und
▶ durch sachkundige Anwender erfolgen.

Zur guten fachlichen Praxis gehört auch, dass die Grundsätze des Integrierten Pflanzenschutzes berücksichtigt werden.

5.1 Integrierter Pflanzenschutz

Integrierter Pflanzenschutz ist eine Kombination von Verfahren, bei denen unter vorrangiger Berücksichtigung biologischer, biotechnischer, pflanzenzüchterischer sowie anbau- und kulturtechnischer Maßnahmen die Anwendung chemischer Pflanzenschutzmittel auf das notwendige Maß beschränkt wird.

5.1.1 Grundsätze des Integrierten Pflanzenschutzes

Die sinnvolle Verknüpfung möglichst aller Maßnahmen zum Schutz der Kulturpflanze unter besonderer Berücksichtigung ökologischer Forderungen bildet das Kernstück des Integrierten Pflanzenschutzes.

Der Integrierte Pflanzenschutz vermag kein allgemeines, immer gültiges Programm zu bieten, das von der Praxis als Rezept einfach übernommen werden kann. Vielmehr gilt es, unter den jeweiligen Voraussetzungen, die von Feld zu Feld und von Jahr zu Jahr verschieden sein können, die **Grundsätze** des Integrierten Pflanzenschutzes zu berücksichtigen:

▶ Entwicklung von Anbausystemen, in denen möglichst wenige Schadorganismen auftreten;

- ▶ Förderung der Pflanzengesundheit durch pflanzenbauliche Maßnahmen (Fruchtfolge, Bodenbearbeitung, Sortenwahl, Saat- und Pflanzzeit, Düngung);
- ▶ Erhaltung und Förderung von Nützlingen;
- ▶ sorgfältige Beobachtung des Wachstums der Kulturpflanzen und des Auftretens von Schadorganismen (Befallskontrollen);
- ▶ Bevorzugung praktikabler mechanischer, biologischer und biotechnischer Maßnahmen;
- ▶ Anwendung chemischer Pflanzenschutzmittel möglichst unter Berücksichtigung der wirtschaftlichen Schadens- oder Bekämpfungsschwelle;
- ▶ laufende und sorgfältige Erfassung der Schadorganismendichte und -ausbreitung;
- ▶ Festlegung der Aufwandmenge in Abhängigkeit von Witterung, Entwicklungsstadium der Kulturpflanzen und der Schadorganismen;

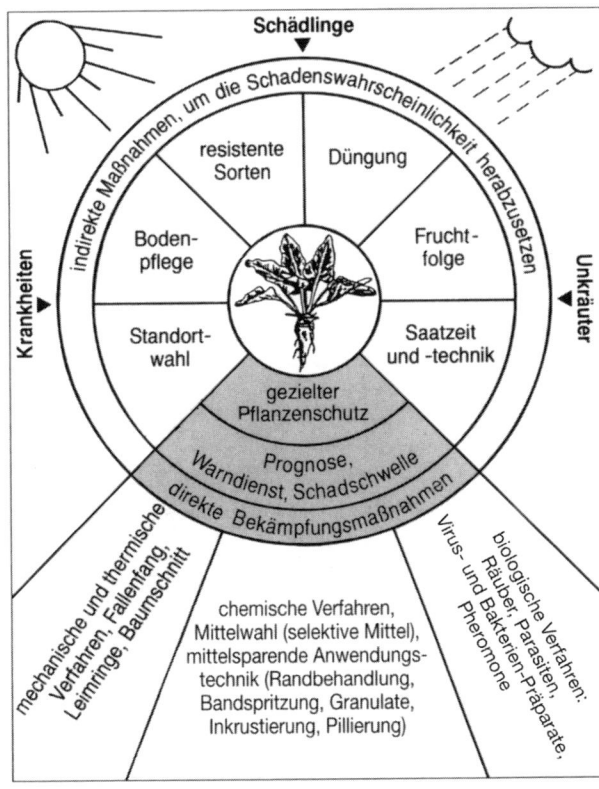

Abb. 15. Schema des Integrierten Pflanzenschutzes.

▶ Ausschöpfung der anwendungstechnischen Möglichkeiten z. B. Teilflächenbehandlung (Randbehandlung, Bandspritzung).

Integrierter Pflanzenschutz setzt möglichst genaue **Kenntnisse** voraus über die

▶ Lebensweise, Vermehrung und Ausbreitung von Schadorganismen, Nützlingen und indifferenten Organismen in der Kulturlandschaft;

▶ Eigenschaften der Kulturpflanze und ihre Reaktion auf Kulturmaßnahmen zur Herabsetzung der Schadenswahrscheinlichkeit;

▶ Auswirkung chemischer Pflanzenschutzmittel auf Schadorganismen und Nützlinge;

▶ Höhe der wirtschaftlichen Schadens- bzw. Bekämpfungsschwelle und deren Veränderung durch biologische, ackerbauliche und wirtschaftliche Einflussgrößen.

5.1.2 Instrumente des Integrierten Pflanzenschutzes

Wirtschaftliche Schadensschwellen

Das Auftreten von Krankheiten, Schädlingen und Unkräutern in unseren Kulturpflanzenbeständen ist nicht in jedem Falle gleichzusetzen mit ei-

Tabelle 8. Beispiele für Bekämpfungsschwellen

Kulturart	Schaderreger	Kontrolle	Schadens- schwelle	Bemerkungen
Weizen	Getreide- blattläuse	Ende der Blüte 5 × 10 Ähren auf Befall prüfen	3–5 Blattläuse je Ähre = 60–80% der Ähren besiedelt	Nützling schonende Pflanzenschutz- mittel einsetzen
Raps	Großer Rapsstängel- rüssler	ab Ende Februar Aufstellen von Gelbschalen und Zählen der ge- fangenen Käfer	10–15 Käfer in 3 Tagen	bei anhalten- dem Zuflug die Behandlung frühestens nach 14 Tagen wiederholen
	Rapsglanz- käfer	von Knospen- bildung bis Blühbeginn: Käfer je 10 Pflanzen zählen	*Winterraps:* 5 Käfer/Pflanze am Rand des Feldes *Sommerraps:* 1–3 Käfer/Pflan- ze am Rand des Feldes	bei gleich- mäßigem Befall im gesamten Feldbestand verringert sich die Bekämp- fungsschwelle etwa um die Hälfte
Rüben	Rübenfliege	ab Auflaufen bis 6-Blatt-Stadium Blätter nach Maden absuchen	2 Maden/Blatt	Behandlung bei beginnender Fraßtätigkeit

ner Schädigung, also mit Ertrags-, Qualitäts- oder Einkommensverlusten. Pflanzenschutzmittel kommen erst dann zum Einsatz, wenn der absehbare Schaden die Maßnahmenkosten übersteigt.

Die wirtschaftliche Schadensschwelle gibt die Befallsstärke oder den Grad der Verunkrautung an, die gerade noch geduldet werden können. Es werden also Schaderregerdichte, Schadenshöhe und Höhe der Maßnahmenkosten in eine enge gegenseitige Beziehung gebracht.

An die Stelle des biologisch fragwürdigen Ziels der Ausrottung der Schadorganismen tritt ein System der *Regulierung* von Krankheiten, Schädlingen und Unkräutern.

Abb. 16. Prinzip der wirtschaftlichen Schadensschwelle.

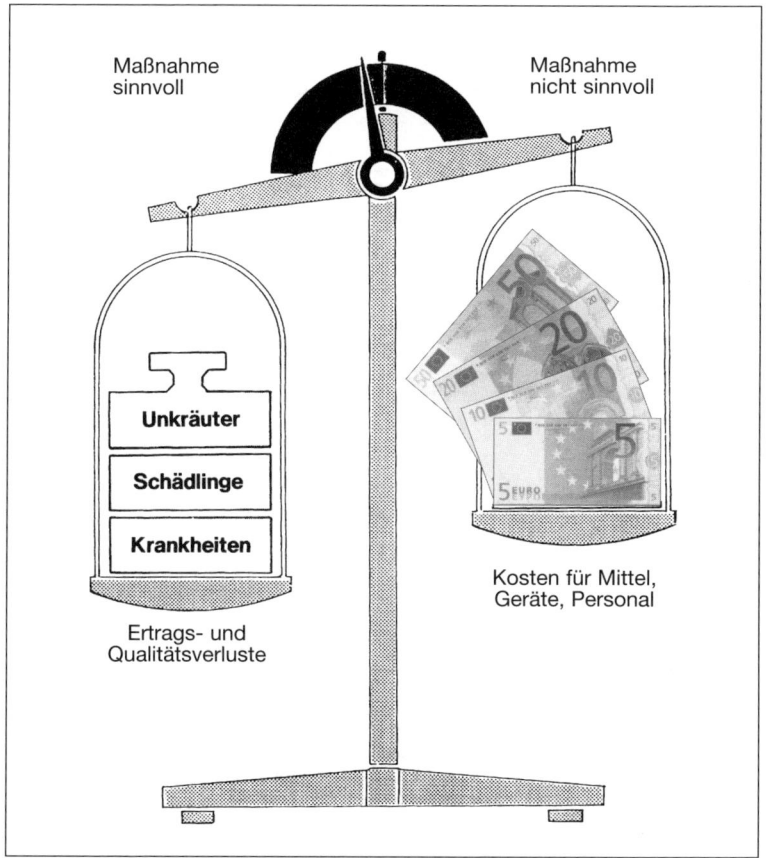

Bekämpfungsschwelle

Bei Pilzkrankheiten und tierischen Schädlingen kann mit einer Bekämpfung in der Regel nicht bis zum Erreichen der wirtschaftlichen Schadensschwelle gewartet werden. Um eine massenhafte Vermehrung noch rechtzeitig stoppen zu können, muss nach epidemiologisch ausgerichteten Bekämpfungsschwellen vorgegangen werden, die unterhalb der wirtschaftlichen Schadensschwellen angesetzt sind.

Das Beachten der wirtschaftlichen Schadensschwellen bringt grundsätzlich Vorteile mit sich:

▶ Die Häufigkeit der Anwendung chemischer Pflanzenschutzmittel kann reduziert werden,

▶ die Nützlinge werden weniger stark beeinträchtigt,

▶ die Gefahr der Resistenzbildung beim Schaderreger lässt sich verringern und

▶ die Produktionskosten sinken.

Abb. 17. Faktoren, die die Schadensschwellen beeinflussen.

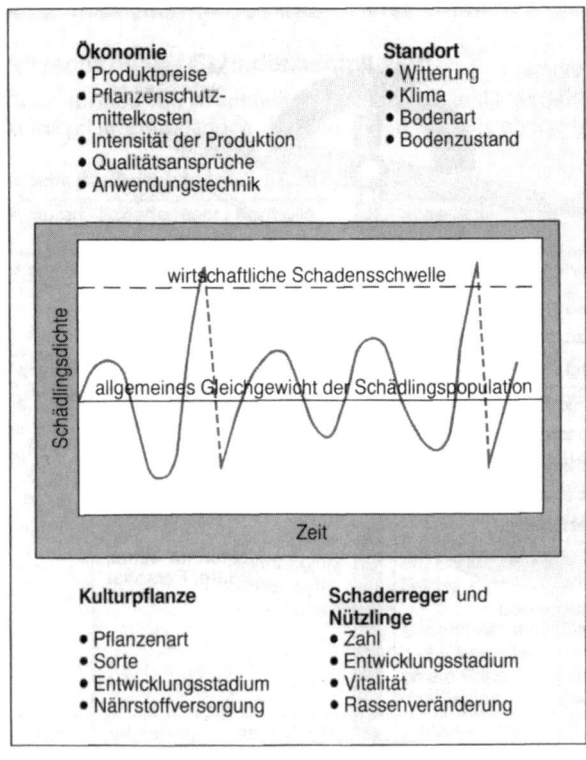

Die wirtschaftliche Schadensschwelle wird von einer Vielzahl wechselnder Faktoren beeinflusst (siehe Abb. 17).

Diese vielen Faktoren, die z. T. vom Landwirt nicht beeinflusst werden können, bringen es mit sich, dass Schadens- und Bekämpfungsschwellen nur Annäherungswerte sein können, die dann an den jeweiligen Standort auf Grund eigener Erfahrung angepasst werden müssen.

Befallsfeststellung und -einschätzung

Befallsfeststellung – Die wichtigste Voraussetzung einer gezielten Pflanzenschutzmaßnahme auf der Basis der wirtschaftlichen Schadens- bzw. Bekämpfungsschwelle ist das **exakte Erfassen des aktuellen Befalls** durch Krankheiten, Schädlinge und Unkräuter. Neben der Befallsermittlung unmittelbar an der Pflanze können auch einfache Hilfsmittel zur Überwachung eingesetzt werden. Bei flugfähigen **Insekten** lassen Gelbschalen (z. B. Rapsschädlinge) oder Pheromonfallen (z. B. Apfelwickler) Aussagen über die Flugaktivität zu. Aus den Fangzahlen können Bekämpfungsentscheidungen abgeleitet werden.

Zur Bestimmung der **Unkrautdichte** in Getreide wurde ein Zähl- und Schätzrahmen entwickelt, der es erlaubt, die Unkrautbekämpfung nach dem Schadschwellenprinzip durchzuführen.

Viele **Pilzkrankheiten** können mit Hilfe einer einfachen Lupe bestimmt werden. Schwer nachweisbare Pilz- oder Viruskrankheiten sind oft nur mit speziellen Labormethoden (z. B. ELISA- oder PCR-Verfahren) zu diagnostizieren.

Befallseinschätzung – Die Entscheidung für oder gegen eine Abwehrmaßnahme muss der Landwirt selbst treffen und verantworten. Für eine Reihe von Schaderregern stehen praktikable Bekämpfungsschwellen zur Verfügung (siehe Tabelle 8).

Der amtliche Pflanzenschutz-Warndienst, Anbauverbände und Firmen bieten Informationen über die aktuellen Befallseinstufungen von Pilzkrankheiten in Getreide und Zuckerrüben sowie von Krautfäule in Kartoffeln an.

Bei der Einschätzung der Notwendigkeit einer Bekämpfungsmaßnahme sind auch die langjährigen Beobachtungen und Erfahrungen heranzuziehen, um standort- und situationsgerecht handeln zu können.

Experten- und Prognosesysteme

Es gibt vielseitige Bemühungen, den Landwirt in seiner Entscheidung zu unterstützen.

Expertensysteme/Entscheidungsmodelle fassen das Wissen von Experten zusammen und sind meist als EDV-Programm aufbereitet. Vorausgesetzt wird in der Regel eine exakte Befallsermittlung. Hoch entwickelte Modelle geben auch *Empfehlungen* für die Mittelwahl (z. B. Weizenmodell Bayern, ProPlant, SchorfExpert).

Prognosesysteme/Simulationsmodelle berechnen die Entwicklung von Schaderregern. Aktuelle Wetterdaten sind dabei eine zwingende Voraussetzung. Eigene Befallsermittlungen sind für die Prognose nicht unbedingt erforderlich, verbessern deren Aussagen aber z. T. wesentlich.

Die einfachste Form stellt die *Negativprognose* dar, die den Zeitraum berechnet, in dem mit keinem nennenswerten Befall der Krankheit oder des Schädlings zu rechnen ist.

Andere Modelle simulieren mit Hilfe von Witterungdaten Befallsbeginn und Befallsverlauf von Krankheiten und geben Empfehlungen zur Fungizidbehandlung in Abhängigkeit vom jeweiligen Befallsdruck.

Beispiel: SYMPHYT bei Krautfäule der Kartoffel.

Prognosen können stets nur eine regionsspezifische *Hilfestellung* für den Entscheidungsprozess des Landwirtes darstellen. Im Integrierten Pflanzenschutz muss der Praktiker auf Grund dieser Hinweise unter Berücksichtigung von Sorte, Pflanzenentwicklung, Düngung, Befallsdruck und dem Vorhandensein natürlicher Begrenzungsfaktoren (z. B. Nützlinge) in seinen Beständen selbst ermitteln, ob Pflanzenschutzmaßnahmen erforderlich sind.

Pflanzenschutz-Warndienst

Der Pflanzenschutz-Warndienst hat die **Aufgabe,** auf der Grundlage von Prognosen, Beobachtungen und Erhebungen die Praxis vor dem Auftreten von Schädlings- und Krankheitsbefall **zu warnen,** damit eine *gezielte Pflanzenschutzmaßnahme,* vor allem *zum richtigen Zeitpunkt,* durchgeführt werden kann.

Zu seiner Aufgabe gehört es auch, die unter den gegebenen Umständen zweckmäßigsten und möglichst umweltschonenden Verfahren aufzuzeigen (z. B. Randbehandlungen der Felder bei flugträgen Schädlingen). Er gibt ferner der Praxis **Hinweise für eigene Bestandeskontrollen** zum optimalen Abschätzen des Schaderregerbefalls, um eine gezielte Maßnahme auf der Grundlage der wirtschaftlichen Schadensschwelle zu ermöglichen.

Jeder Anbauer soll mit Hilfe der Mitteilungen des Warndienstes überprüfen, ob für seine Bestände eine Gefahr durch die angeführten Schadorganismen besteht. Der Warndienst wird der Praxis heute meist über telefonische Anrufbeantworter, Telefax und Internet angeboten.

5.1.3 Vorbeugende Pflanzenschutzmaßnahmen

Hierzu zählen alle kulturtechnischen und anderen nicht-chemischen Maßnahmen, um die Schadenswahrscheinlichkeit durch Krankheiten, Schädlinge und Unkräuter herabzusetzen.

Standortwahl

Jede Pflanzenart stellt bestimmte Ansprüche an den Standort, um sich optimal entwickeln zu können. Die Wahl *standortgerechter Pflanzenarten und -sorten* ist eine wichtige vorbeugende Maßnahme, um Ertrags- und Qualitätsverluste durch Schadorganismen zu verringern.

Die Kohlhernie tritt z. B. nur selten schädigend bei alkalischer Bodenreaktion auf, während der gewöhnliche Kartoffelschorf bei erhöhtem pH-Wert gefördert wird.

Bodenpflege

Ein humusreicher, garer Boden fördert die Entwicklung der Pflanzen, so dass sie tierischen Schädlingen »aus den Zähnen« wachsen können (Moosknopfkäfer, Rübenfliege). Andererseits kann er die in ihm wohnenden Krankheitserreger ausschalten und somit eine »biologische Selbstentseuchung« erreichen (Schwarzbeinigkeit des Weizens und Wurzelbrand der Rüben).

Auch sind Gefahren durch Rückstände nach Anwendung von Bodenherbiziden um so weniger zu befürchten, je aktiver das Bodenleben ist (Wirkstoffabbau).

Bodenbearbeitung

Durch die Bodenbearbeitung werden optimale Voraussetzungen für das Pflanzenwachstum geschaffen. Pflügen, insbesondere nach Maisvorfrucht dient z. B. der Bekämpfung des Maiszünslers und mindert das Risiko von Fusariumbefall beim nachfolgenden Weizen. Scheibenegge und andere rotierende Bodenbearbeitungsgeräte dienen der Bekämpfung von Bodenschädlingen wie Engerlinge, Drahtwurm, Brachfliege u. a.

Resistente Sorten

Die Wahl von resistenten oder weniger anfälligen Sorten ist ein wirksamer indirekter Pflanzenschutz.

Auf verseuchten Flächen wird der Anbau bestimmter Kulturen (z. B. Kartoffeln) erst durch resistente Sorten möglich (Schaden durch Kartoffelnematoden). Durch den Anbau nematodenresistenter Ölrettichsorten lässt sich z. B. der Besatz mit Rübenzystenälchen erheblich verringern.

Saat- und Pflanzgut

Die Qualität des Saat- und Pflanzgutes ist ein wesentliches Kriterium für den Anbauerfolg. Entscheidend ist der Gesundheitszustand, denn zahlreiche samenbürtige Krankheitserreger, Bakterien und Viren können mit

Saat- und Pflanzgut übertragen werden. Amtlich geprüftes und anerkanntes Saatgut (zertifiziertes Saatgut) gewährleistet neben einem guten Gesundheitszustand auch Sortenechtheit, Sortenreinheit, Mindestkeimfähigkeit und Unkrautfreiheit.

Düngung

Eine »ausgewogen« ernährte Pflanze ist gegen Schwächeparasiten weitgehend unempfindlich.

Gefährlich dagegen sind *einseitige Nährstoffangebote,* insbesondere mit Stickstoff. Im Getreidebau erhöhen sie die Lagergefahr und fördern Pilzkrankheiten und Blattläuse, im Kartoffelbau die stärkere Virus-Ausbreitung.

Ein *Mangel an bestimmten Nährstoffen* kann aber auch direkt zu Erkrankungen der Pflanzen führen.

Beispiele sind die Herz- und Trockenfäule bei Rüben (Bor-Mangel) und die Dörrfleckenkrankheit des Hafers (Mangan-Mangel).

Fruchtfolge

Die Fruchtfolge hat eine wichtige Funktion im Integrierten Pflanzenschutz. Je einseitiger eine Fruchtfolge ist, desto größer ist auf vielen Standorten die Gefahr der Anhäufung bodengebundener und wirtsspezifischer Krankheiten und Schädlinge.

Beispiele hierfür sind die Fußkrankheiten des Getreides sowie Kartoffel-, Rüben- und Getreidenematoden.

Saatzeit und Saattechnik

Auch durch die Saatzeit und die Saattechnik kann einem Krankheits- und Schädlingsbefall vorgebeugt werden. Die traditionelle *Saatregel,* im Herbst »späte«, im Frühjahr »zeitige« Saat des Getreides, hat auch heute noch Bedeutung.

Spätere Aussaat von Wintergerste und Winterweizen im Herbst mindern Schäden durch Fritfliege, Gelbverzwergungs-Virus, Halmbruchkrankheit, Zwergsteinbrand und Typhulafäule. Zeitige Saat im Frühjahr schützt das Getreide vor Fritfliegenbefall.

Auch *Saatstärke, Saattiefe* und *Standweite* sind Faktoren, die das Auftreten von Schadorganismen beeinflussen. So begünstigen hohe Bestandesdichten viele Krankheitserreger, während lückige Bestände die Verunkrautung fördern und bestimmte Schädlinge anlocken (Blattläuse, Brachfliege).

5.1.4 Direkte Pflanzenschutzmaßnahmen

Physikalische Maßnahmen

Zu den physikalischen Maßnahmen zählen *mechanische und thermische Verfahren* sowie Verfahren zur Fernhaltung und zum Fang von Schaderregern.
– Saatgutreinigung,
– mechanische Unkrautbekämpfung durch Striegeln, Eggen, Hacken,
– thermische Unkrautbekämpfung durch Abflammen,
– Bodenentseuchung durch Dämpfung (Gartenbau),
– Entfernen erkrankter Pflanzenteile (Obstbaumschnitt),
– Fallenfang bei Nagern (Wühlmäuse).

Zu den mechanischen Verfahren gehören Bodenbearbeitungsmaßnahmen zur Unkrautbekämpfung (Häufeln und Striegeln im Kartoffelbau, Hacken in Zuckerrüben und Maisanbau). In Vermehrungsbeständen ist auch heute noch das Entfernen kranker Pflanzen (z. B. viruskranker Kartoffelstauden) und von Schadpflanzen (z. B. Flughafer oder sortenfremder Pflanzen) üblich.

Zu den mechanischen Verfahren zählen auch das tiefe Unterpflügen befallenen Pflanzenmaterials (z. B. mit Maiszünsler oder Fusarium befallener Maisstängel bzw. Maisstoppeln) oder das Entfernen kranker Pflanzenteile (z. B. Obstbaumschnitt).

Auch die mechanische Queckenbekämpfung nach der Getreideernte mit Grubber und schwerer Zinkenegge bei trockener Witterung ist vielfach eine sehr wirksame Bekämpfungsmethode. Auch der Unkrautdruck wird durch Pflügen erheblich gemindert.

Der altbewährte *Fallenfang* ist auch heute noch unentbehrlich bei der Abwehr von Nagetieren (Wühlmäuse, Bisam).

Biologische Verfahren

Zum **biologischen Pflanzenschutz** im weitesten Sinne gehören alle Maßnahmen, die auf die Schonung der Lebensgemeinschaft unserer Kulturlandschaft ausgerichtet sind, um die dort vorhandenen natürlichen Gegenspieler von Schadorganismen nutzbar zu machen. Beim biologischen Pflanzenschutz im engeren Sinne strebt man aktiv die praktische Anwendung dessen an, was sich in der Natur fortwährend selbständig abspielt.

▶ *Massenzucht* räuberisch oder parasitisch lebender Organismen: Sie werden gezielt zur Abwehr eines Schädlings eingesetzt oder es werden nicht einheimische Nützlinge eingebürgert. Praxisreif ist der Einsatz von *Trichogramma*-Eiparasiten gegen Maiszünsler. Weitere Beispiele sind der Einsatz der Erzwespe gegen die »Weiße Fliege« und des Spinnmilbenräubers *Phythoseiulus* gegen die »Rote Spinne«, der

Florfliege gegen Blattläuse in Unterglaskulturen im Gartenbau und von Nematoden gegen Dickmaulrüßler.

▶ Anwendung von *Krankheitserregern:* Viren, Bakterien und Pilze können in Form von Biopräparaten zur Bekämpfung von Schadinsekten eingesetzt werden. Beispiele: Gegen Apfelwickler ist der Einsatz eines Granulose-Virus-Präparates möglich. Bakterienpräparate auf der Basis von *Bacillus thuringiensis* haben eine spezifische Wirkung gegen Raupen von Schadschmetterlingen (Kohlweißling, Maiszünsler). Gegen den Dickmaulrüssler kann ein als Granulat formuliertes Pilzpräparat eingesetzt werden.

Diese Präparate lassen sich ähnlich wie chemische Präparate in wässriger Lösung im Spritzverfahren ausbringen. Ihr Vorteil liegt in der selektiven Wirkung, d. h., es werden nur die Schädlinge abgetötet, während andere Insekten und Bienen verschont bleiben.

▶ *Selbstvernichtungsmethode:* Sie wirkt durch das Freilassen in Massenzuchten chemisch oder radioaktiv unfruchtbar gemachter Schädlinge (sterile-male-Technik). Sie führt nur bei großem Übergewicht der sterilen Männchen und in abgeschlossenen, isolierten Anbaulagen zum Erfolg.

Tabelle 9. Wichtige Verfahren des biologischen Pflanzenschutzes

1. Biologische Verfahren im engeren Sinne

▶ Nützlinge als Räuber und Parasiten
▶ Mikroorganismen und Viren als Krankheitserreger
▶ Selbstvernichtungsverfahren

2. Biotechnische Verfahren im weiteren Sinne

▶ chemische Einflüsse (Pheromone/Signalstoffe)
▶ physikalische Einflüsse
▶ Wachstums- und Entwicklungsregulatoren
▶ mikrobiell produzierte Substanzen, »genetic engineering«

3. Erhöhung der Widerstandsfähigkeit der Wirtspflanze

▶ Resistenzzüchtung
▶ Prä-Immunisierung
▶ Resistenzinduktion mit Kulturfiltraten von Bakterien und Pilzen

4. Nutzung abwehraktiver Pflanzeninhaltsstoffe

Biotechnische Verfahren

Die biotechnischen Verfahren nutzen die natürlichen Reaktionen der Schädlinge auf bestimmte physikalische oder chemische Reize aus. Hierzu gehört die Anwendung von *Lockstoffen* (Pheromone = Sexual-

Abb. 18. Übersicht über mögliche Pflanzenschutzmaßnahmen.

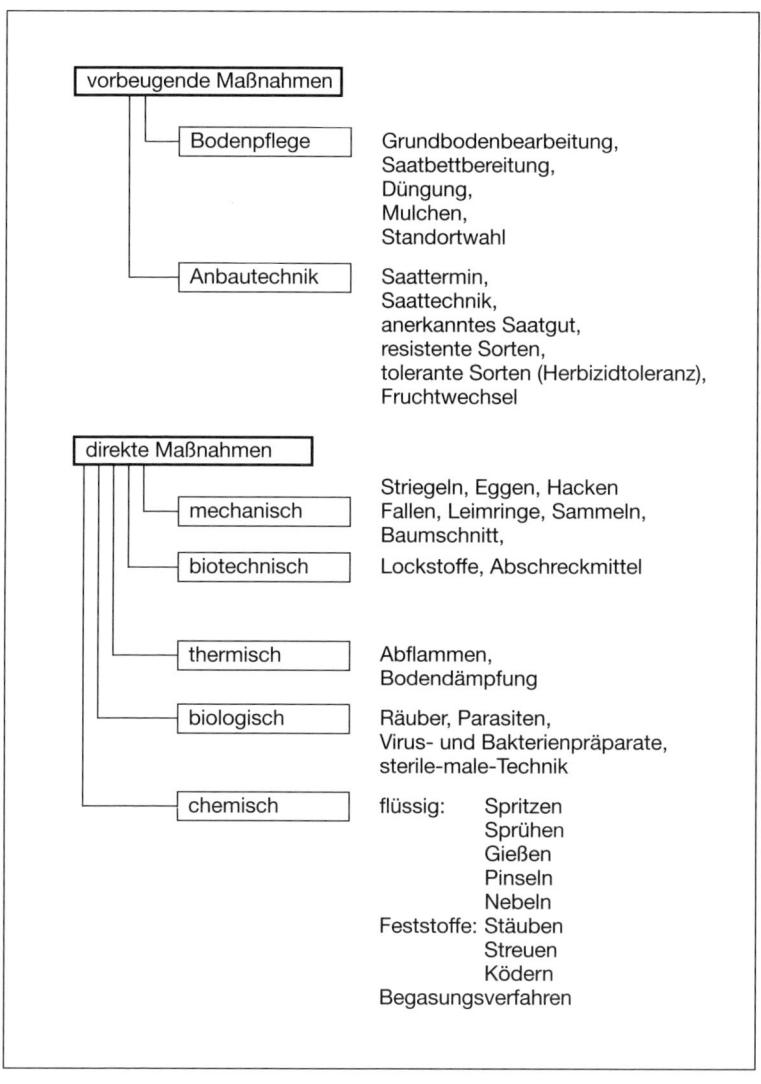

vorbeugende Maßnahmen

Bodenpflege — Grundbodenbearbeitung, Saatbettbereitung, Düngung, Mulchen, Standortwahl

Anbautechnik — Saattermin, Saattechnik, anerkanntes Saatgut, resistente Sorten, tolerante Sorten (Herbizidtoleranz), Fruchtwechsel

direkte Maßnahmen

mechanisch — Striegeln, Eggen, Hacken Fallen, Leimringe, Sammeln, Baumschnitt,

biotechnisch — Lockstoffe, Abschreckmittel

thermisch — Abflammen, Bodendämpfung

biologisch — Räuber, Parasiten, Virus- und Bakterienpräparate, sterile-male-Technik

chemisch — flüssig: Spritzen
                      Sprühen
                      Gießen
                      Pinseln
                      Nebeln
             Feststoffe: Stäuben
                      Streuen
                      Ködern
             Begasungsverfahren

Lockstoffe z. B. gegen Apfelwickler und Fruchtschalenwickler), von *Abschreckstoffen* (= Repellents, z. B. Inkrustierung des Maises gegen Fasanenfraß) und von *Hemmstoffen*, die die Entwicklung der Insekten stören oder hemmen.

Die **Problematik** biologischer Verfahren liegt darin, dass die Wirkung oft nicht so schnell und sicher einsetzt wie gewünscht. So benötigt der »Räuber« nach seinem Aussetzen eine gewisse »Jagdzeit«, bevor er eine Schädlingspopulation im gewünschten Ausmaß verringert hat. Auch die Krankheitserreger entfalten erst nach einigen Tagen ihre Wirkung auf die Schädlinge.

Die meist spezifische Wirkung biologischer Verfahren kann in der Praxis Schwierigkeiten bereiten, wenn in einer Kultur eine Vielzahl von Krankheiten und Schädlingsarten bekämpft werden muss. Können gegen einige davon nur chemische Präparate eingesetzt werden, so kann deren Breitenwirkung die biologische Bekämpfung zunichte machen.

Chemische Verfahren

Die chemischen Pflanzenschutzmaßnahmen nehmen heute eine zentrale Stellung im gesamten Pflanzenschutz ein. Dies ist im Wesentlichen darauf zurückzuführen, dass chemische Mittel schnell und durchschlagend wirksam sind, rationell angewendet und vor allem unter geringstem Arbeitsaufwand eingesetzt werden können.

Mittelwahl und Aufwandmengen

Die Auswahl des Pflanzenschutzmittels ist unter Abwägung der Wirksamkeit und der Kosten standort-, situations- und kulturpflanzenbezogen zu treffen. Es dürfen grundsätzlich nur zugelassene Pflanzenschutzmittel eingesetzt werden. Bei gleicher Eignung sollen mindertoxische und nützlingsschonende Präparate bevorzugt werden.

Soweit es vertretbar ist (z.B. bei mäßigem Befallsdruck oder nur kurzer benötigter Wirkungsdauer), können die in der Gebrauchsanleitung vorgesehenen Aufwandmengen unterschritten werden. In manchen Fällen kann durch die Beimischung wirkungsverbessernder Zusatzstoffe die Wirksamkeit der Pflanzenschutzmittel erhöht und damit der Aufwand verringert werden.

In *Tankmischungen* werden Pflanzenschutzmittel eingesetzt, die sich in ihrer Wirkung ergänzen. Dabei können die Aufwandmengen der Einzelkomponenten vermindert werden. In Mischungen können die Mittel allerdings andere Eigenschaften aufweisen als die Einzelprodukte. Deshalb sollte nur auf bewährte und von der Beratung empfohlene Tankmischungen zurückgegriffen werden.

Durch Wirkstoffkombinationen, Wechsel von Wirkstoffen und Reduzierung der Behandlungshäufigkeit kann der Entwicklung von resistenten

Schadorganismen gegenüber Pflanzenschutzmitteln vorgebeugt werden. Da Unkräuter, Insekten und Pilze häufig zuerst den Feldrand befallen, sind oftmals Behandlungen von Teilflächen oder von Einzelpflanzen ausreichend.

Sowohl die Vorteile als auch die Grenzen und Gefahren bei der Anwendung von chemischen Pflanzenschutzmitteln müssen gegeneinander abgewogen werden. Die sinnvolle Kombination mit anderen Maßnahmen zum Vermindern der Schadenswahrscheinlichkeit und die Beachtung der wirtschaftlichen Schadensschwelle sind Voraussetzung für die sachgerechte Einordnung chemischer Mittel in ein modernes Pflanzenschutzsystem, das als Integrierter Pflanzenschutz bezeichnet wird.

Überprüfen Sie Ihr Wissen mit den Fragen 501–538.

5.2 Erfolgskontrolle und Dokumentation

Die Sicherung der erzeugten Produkte in Qualität und Quantität ist letztendlich das Ziel jeder Pflanzenschutzmaßnahme. Hand in Hand mit der einmal getroffenen Entscheidung des Landwirts muss die nachfolgende **Erfolgskontrolle** der durchgeführten Maßnahmen erfolgen:
▶ War die Entscheidung richtig und angemessen?
▶ War die Maßnahme hinreichend wirksam?
▶ War die Maßnahme ökonomisch sinnvoll?
▶ War die Maßnahme kultur- und umweltverträglich?
▶ Konsequenzen für vergleichbare Situationen in den Folgejahren?
Als praktische Hilfe zur Beurteilung einer Pflanzenschutzmaßnahme haben sich sog. »Beobachtungsfenster« erwiesen, bei denen eine unbehandelte Vergleichsfläche (z. B. 10 m × Spritzbreite) in den Pflanzenbestand gelegt wird.

Verträglichkeit und Wirksamkeit sind die wesentlichen Beurteilungskriterien. Bei unbefriedigenden Ergebnissen sollte der Pflanzenschutzberater hinzugezogen werden.

Die Erfolgskontrolle einer Pflanzenschutzmaßnahme dient der Optimierung des Betriebseinkommens und der Minimierung von Umweltbelastungen in gleicher Weise.

Die zutreffende Beurteilung einer Pflanzenschutzmaßnahme
▶ zu einem bestimmten Zeitpunkt,
▶ zu einer bestimmten Kultur,

► an einem bestimmten Standort,

► in einer bestimmten Situation,

ist anhand einer einmaligen Momentaufnahme nicht möglich. Sie muss das Ergebnis einer Aneinanderreihung von Erfahrungen, Vergleichen und kritischen Analysen über mehrere Jahre hinweg sein. Dies setzt aber eine entsprechende **Dokumentation** der durchgeführten Maßnahmen voraus. Gerade auch vor dem Hintergrund aktueller Forderungen nach einer »gläsernen Produktion« ist die saubere Dokumentation produktionstechnischer Maßnahmen unabdingbar zur Festigung des Vertrauens seitens der Abnehmer und Verbraucher.

Zu berücksichtigen sind auch entsprechende Vorgaben in bestimmten Förderprogrammen in Form von Aufzeichnungen über durchgeführte Behandlungen.

Letztendlich ist eine exakte Dokumentation für ein zu einem späteren Zeitpunkt stattfindendes Beratungsgespräch unerlässlich.

Dem Landwirt stehen eine Vielzahl von **Dokumentationshilfen** zur Verfügung. Das Angebot erstreckt sich vom einfachen Feldbuch über verschiedene Formen der Schlagkartei bis zur elektronischen Erfassung und Auswertung über spezielle PC-Programme.

Für eine spätere Beurteilung von Pflanzenschutzmaßnahmen sollten jeweils mindestens folgende Aufzeichnungen gemacht werden:

► Ziel der Maßnahme, Behandlungsdatum,

► Entwicklungsstadium der Kultur, Witterungsbedingungen,

► Verfahren, eingesetzte Pflanzenschutzmittel, Aufwandmengen,

► eigene Beobachtungen.

Die Dokumentation aller produktionstechnischen Maßnahmen ist darüber hinaus ein wesentlicher Bestandteil einer eventuellen **Zertifizierung des Betriebes.**

5.3 Anwenderschutz

5.3.1 Einkauf von Pflanzenschutzmitteln

► **Keine übertriebene Vorratshaltung:**
  – Die Präparate behalten ihre Eigenschaften nicht auf Dauer bei.
  – Unfallrisiken im Betrieb steigen, je mehr Mittel und je ältere Packungen vorhanden sind.
  – Es besteht zudem das Risiko des Widerrufs der Zulassung und eines damit verbundenen Anwendungsverbotes (z. B. Parathion-Präparate).

► **Nur zugelassene Pflanzenschutzmittel kaufen:** Nur dann besteht die Gewähr, dass die Präparate hinsichtlich ihrer Anwendergefährdung richtig gekennzeichnet sind. Bei illegal eingeführten Mitteln kann das nicht der Fall sein.

Die Einfuhr in Deutschland nicht zugelassener Mittel aus dem Ausland – auch die Mitnahme über die Grenze im Privat-Pkw – ist deshalb verboten.

▶ Soweit wie möglich **Präparate bevorzugen, die keine Gefahrensymbole tragen, selektiv wirkend, Nützling schonend** und **bienenungefährlich** sind sowie **keine besondere Auflagen** (z. B. Wasserschutzgebiets-Auflagen) haben.

▶ **Nur unbeschädigte Originalpackungen kaufen:** Einkauf von als giftig eingestuften Pflanzenschutzmitteln nur durch Personen über 18 Jahre, von denen Einsicht und Verständnis für die mit Pflanzenschutzmitteln verbundenen Risiken erwartet werden können.

▶ **Keine Selbstbedienung beim Kauf von Pflanzenschutzmitteln:** Pflanzenschutzmittel dürfen nicht durch Automaten oder durch andere Formen der Selbstbedienung in den Verkehr gebracht werden. Bei der Abgabe im Einzel- oder Versandhandel hat der Verkäufer den Erwerber über die Anwendung des Pflanzenschutzmittels, insbesondere über Verbote und Beschränkungen, zu unterrichten.

5.3.2 Aufbewahrung von Pflanzenschutzmitteln

▶ Pflanzenschutzmittel nur in Originalpackungen aufbewahren. *Nie umfüllen,* sonst besteht Verwechslungs- und Vergiftungsgefahr.

▶ Packungen und Flaschen stets gut verschließen, dadurch kein Verschütten, kein Austreten giftiger Dämpfe.

▶ Alle Präparate unter sicherem Verschluss halten, am besten in einem abschließbaren Raum oder Schrank (Giftschrank).

▶ Lagerräume müssen so beschaffen sein, dass Pflanzenschutzmittel nicht versickern oder über einen Abfluss in Gewässer gelangen können. Im Lagerraum dürfen keine brennbaren Materialien aufbewahrt werden.

▶ Präparate stets frostfrei, kühl, dunkel und trocken lagern. Präparate niemals längere Zeit in einem in der Sonne stehenden Auto belassen. Abgesehen von eventuell bestehender Entzündungsgefahr können sich verdampfende Mittel dort sehr nachteilig auf die Autoinsassen auswirken (Kopfschmerzen, Übelkeit, Verminderung des Reaktionsvermögens).

▶ Pflanzenschutzmittel niemals zusammen mit Nahrungs- oder Futtermitteln lagern. Verwechslungsgefahr, Geschmacksbeeinträchtigung.

▶ Kinder, Kunden und sonstige Nichtkundige von Pflanzenschutzmitteln fernhalten. Pflanzenschutzmittel und angesetzte Spritzbrühen nicht unbeaufsichtigt irgendwo im Betrieb stehen lassen, so dass Unkundige, die die Gefahren nicht einzuschätzen vermögen, an die Mittel gelangen können.

5.3.3 Transport von Pflanzenschutzmitteln

▶ Behälter dürfen nicht lecken.

▶ Verschlüsse müssen fest sitzen.

▶ Packungen müssen dicht sein.

▶ Gebrauchsanleitungen müssen lesbar bleiben.

▶ Angebrochene Behälter nicht in der Traktorkabine oder im Fahrgastraum des Pkw transportieren.

▶ Pflanzenschutzmittel nicht gemeinsam mit Lebens- und Futtermitteln transportieren.

▶ Aufgefüllte Spritzgeräte vor dem Transport überprüfen, ob durch undichte Stellen Spritzbrühe austritt.

▶ Bei einem Unfall, bei dem Präparate oder Behandlungsflüssigkeit auslaufen, Polizei und Hersteller des Pflanzenschutzmittels einschalten.

▶ Granulatstreuer erst unmittelbar vor Arbeitsbeginn auf dem Feld befüllen.

5.3.4 Ansetzen von Pflanzenschutzmitteln

▶ Pflanzenschutzmittel nur im Freien ansetzen, nie in Wohnräumen, Stallungen oder Lagerräumen für Lebens- und Futtermittel.

▶ Pflanzenschutzmittel nur mit für Pflanzenschutzmittel undurchlässigen Schutzhandschuhen ansetzen.

▶ Beim Ansetzen Schutzkleidung – zumindest abwaschbare Schürze – tragen.

▶ Pulverförmige Pflanzenschutzmittel nur im Freien besonders vorsichtig ansetzen und Staubentwicklung vermeiden.

▶ Bei gas- und staubförmigen Präparaten unbedingt Atemschutzmasken tragen.

▶ Zum Ansetzen von Pflanzenschutzmitteln nur gekennzeichnete Spezialgefäße – niemals Haushalts- oder Stallgeschirr – verwenden. Sofort nach Gebrauch gründlich reinigen. Waschwasser ins Spritzfass geben.

▶ Das Befüllen der Pflanzenschutzgeräte stets beaufsichtigen. Keine direkte Verbindung zwischen Füllschlauch und Behälterinhalt herstellen.

▶ Keine Brühe oder Pflanzenschutzmittel verschütten.

▶ Spritzbrühe auch nicht für kurze Zeit unbeaufsichtigt stehen lassen. Kinder und Haustiere fernhalten.

▶ Leerpackungen gründlich mit Wasser ausspülen. Spülwasser zur Spritzbrühe in den Tank schütten. Ausgespülte Behälter nicht achtlos wegwerfen oder für andere Zwecke verwenden, sondern sachgerecht entsorgen („Pamira").

Beim Umgang mit Pflanzenschutzmitteln nicht rauchen, essen oder trinken!

5.3.5 Schutzkleidung für Anwender

Unabhängig von der Einstufung eines Pflanzenschutzmittels sollte mit Rücksicht auf die eigene Gesundheit stets eine geeignete, vollständige Schutzkleidung getragen werden (siehe Gebrauchsanleitung).

▶ **Standardschutzanzug:** Ein geeigneter Schutzanzug muss folgende Anforderungen erfüllen:
- Atmungsaktiv, d.h. er verhindert unnötiges und belastendes Schwitzen,
- dicht gegen feste und flüssige Partikel (auch beim Übergang in die Gasphase),
- benzin-, öl-, laugen- sowie säurebeständig,
- in hohem Maße reiß- und scheuerfest,
- pflegeleicht, abwisch- und abspritzbar,
- waschmaschinenfest,
- leicht und elastisch.

Leichte »Wegwerfanzüge« sind nur bedingt geeignet. Als relativ gut haben sich bei Mitteln ohne besondere Schutzvorschriften sog. »Blaumänner« (blaue Baumwollarbeitsanzüge) erwiesen.

▶ **Fußbekleidung:** Am besten geeignet sind dichte, unbeschädigte Gummistiefel.

▶ **Kopfbedeckung:** Neben den an Schutzanzügen vorhandenen Kapuzen empfiehlt sich insbesondere ein breitkrempiger Hut in Form eines Südwesters.

▶ **Schutzhandschuhe:** Am besten geeignet sind Spezialhandschuhe von mindestens 30 cm Armlänge, die dicht, abriebfest und beständig gegen aggressive Stoffe und für Pflanzenschutzmittel undurchlässig sind.

▶ **Schutzbrille:** Diese sollte auswechselbare, beschlagfreie Kunststoffgläser besitzen, mit indirekter Belüftung ausgestattet und auch für Brillenträger verwendbar sein.

▶ **Atemschutzmaske:** Es gibt Halb- und Vollmasken. In geschlossenen Räumen ist die Benutzung von Vollmasken zwingend vorgeschrieben. Für den Einsatz im Pflanzenschutz müssen die zugehörigen Maskenfilter bestimmte Merkmale aufweisen: Sie müssen einerseits wirksam sein gegen organische Dämpfe und Lösungsmittel, andererseits aber auch Schwebeteilchen und feste Partikel festhalten können.

Abb. 19. Gefahren durch Pflanzenschutzmittel bei unsachgemäßer Anwendung und Vorbeugemaßnahmen.

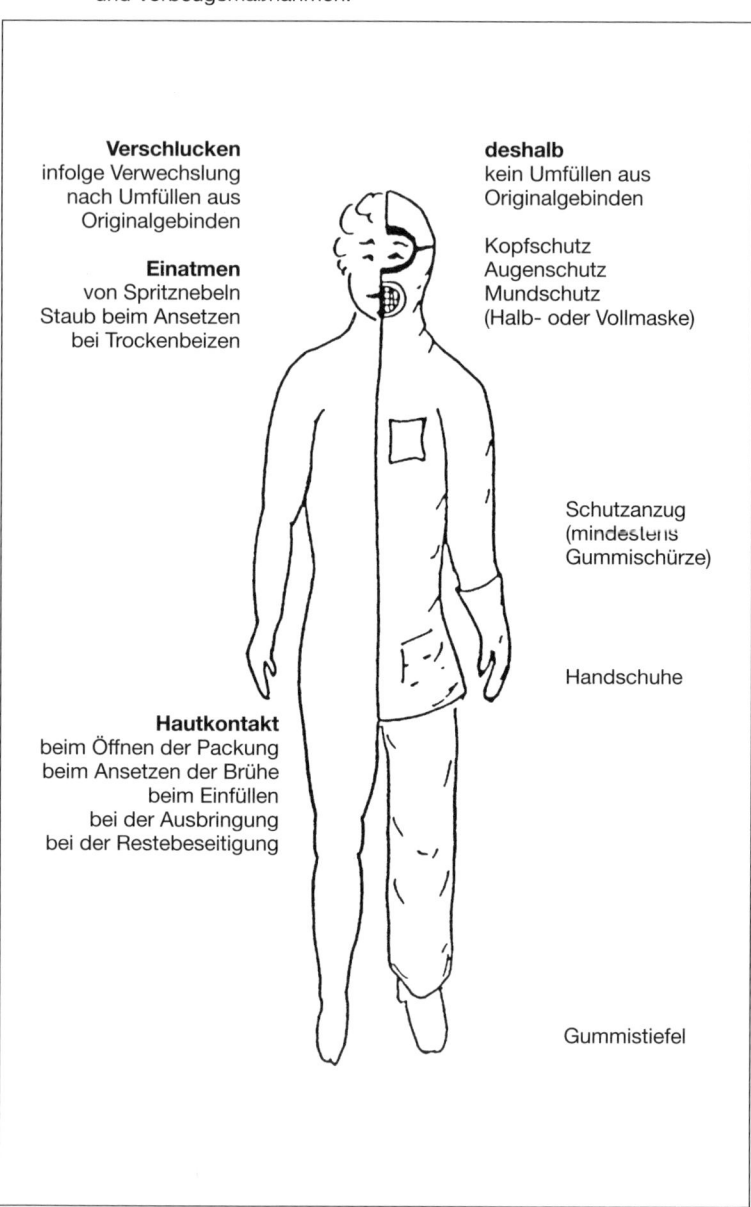

Verschlucken
infolge Verwechslung
nach Umfüllen aus
Originalgebinden

Einatmen
von Spritznebeln
Staub beim Ansetzen
bei Trockenbeizen

deshalb
kein Umfüllen aus
Originalgebinden

Kopfschutz
Augenschutz
Mundschutz
(Halb- oder Vollmaske)

Schutzanzug
(mindestens
Gummischürze)

Handschuhe

Hautkontakt
beim Öffnen der Packung
beim Ansetzen der Brühe
beim Einfüllen
bei der Ausbringung
bei der Restebeseitigung

Gummistiefel

Maskenfilter in Originalverpackung sind etwa 5 Jahre haltbar. Filter in offenen Packungen sind auch bei Nichtbenutzung meist nur 6 Monate haltbar. Die maximale Benutzungsdauer beträgt 12–15 Stunden.

5.3.6 Verhalten bei Unfällen mit Pflanzenschutzmitteln

Bei Spritzern konzentrierter Mittel auf die Haut oder in die Augen sofort mit viel sauberem Wasser ab- und ausspülen.

Bei **Verdacht auf Vergiftungen** (Symptome: Schweißausbruch, Schwindel, Übelkeit, Kopfschmerzen):

▶ Sofort Arbeit beenden,

▶ sofort Arzt verständigen,

▶ sofort durchnässte Kleidung wechseln,

▶ absolute Ruhe und Stilllagerung,

  – bei Übelkeit oder Verschlucken von Pflanzenschutzmitteln Erbrechen verursachen,

  – Patienten in stabile Seitenlage bringen,

▶ Packung oder Gebrauchsanleitung des verwendeten Präparates dem Arzt vorlegen.

▶ Bei Vergiftungen von Haustieren sofort den Tierarzt rufen. Auch hier die Packung oder die Gebrauchsanleitung des Mittels dem Tierarzt vorlegen.

In Zweifelsfällen Nachfrage bei den Informations- und Behandlungszentren für Vergiftungsfälle in Deutschland (Verzeichnis siehe Seite 132). Bei Vergiftungsverdacht niemals fetthaltige Flüssigkeiten wie Milch und auch keinen Alkohol verabreichen!

Überprüfen Sie Ihr Wissen mit den Fragen 601–619.

5.4 Verbraucherschutz

Der Erzeuger pflanzlicher Nahrungsmittel ist verpflichtet, nur Ware in den Verkehr zu bringen, die die Gesundheit des Verbrauchers in keiner Weise beeinträchtigt. Wichtigste Voraussetzung für die gesundheitliche Unbedenklichkeit ist auf pflanzenschutzlichem Gebiet die strikte Einhaltung aller den Verbraucherschutz betreffenden Vorschriften. Dies sind insbesondere

▶ die Rückstands-Höchstmengen-Verordnung (Einhaltung von Aufwandmengen und Wartezeiten)

▶ die Pflanzenschutz-Anwendungs-Verordnung (Anwendungsverbote und -beschränkungen).

5.4.1 Höchstmengen-Festsetzung

Höchstmengen sind gesetzlich definierte Grenzwerte zum Schutz des Verbrauchers. Man versteht darunter die Spuren von Rückständen eines Pflanzenschutzmittels – gemessen in Milligramm Mittelrückstand pro Kilogramm Ware –, die zum Zeitpunkt des Inverkehrbringens noch in oder auf Lebens- und Futtermitteln vorhanden sein dürfen.

Inverkehrbringen beinhaltet das Anbieten, Vorrätig halten zur Abgabe, das Feilhalten und jedes Abgeben an andere.

Bei der Festlegung der Höchstmenge des Rückstandes eines Pflanzenschutzmittels in oder auf einem Nahrungsmittel wird zunächst im **Tierversuch** in Serientests mit abnehmender Wirkstoffkonzentration festgestellt, bei welcher Menge Wirkstoff die *empfindlichsten* Tiere *keinerlei Schäden* mehr zeigen, vor allem in karzinogener (Krebs erzeugender), mutagener (Erbgut verändernder) oder teratogener (Gewebe verändernder) Hinsicht.

Da aber **Menschen** unter Umständen anders reagieren als Versuchstiere und auch mehrere Wirkstoffe auf einem Nahrungsmittel zusammenkommen können, setzt man zur Sicherung des Menschen die bei Tieren unschädliche Rückstandsmenge *auf ein Hundertstel herab* und erhält damit die *duldbare Tagesdosis.*

Nimmt man weltweit gesehen das durchschnittliche Körpergewicht eines Menschen mit 60 kg an und unterstellt, dass von einem Nahrungsmittel nicht mehr als 400 g/Tag verzehrt wird, so kann mit diesen Werten errechnet werden, welche Rückstände in Milligramm pro Kilogramm (mg/kg) Nahrungsmittel maximal vorhanden sein dürfen, ohne dass bei Verzehr auch über längere Zeit hinweg gesundheitliche Beeinträchtigungen zu erwarten sind.

Diese Berechnung stützt sich allein auf Fütterungsversuche unter Einschluss hoher Sicherheitsspannen. Wird ein Pflanzenschutzmittel nach guter fachlicher Praxis angewendet, dann werden in den meisten Fällen die errechneten Werte noch deutlich unterschritten.

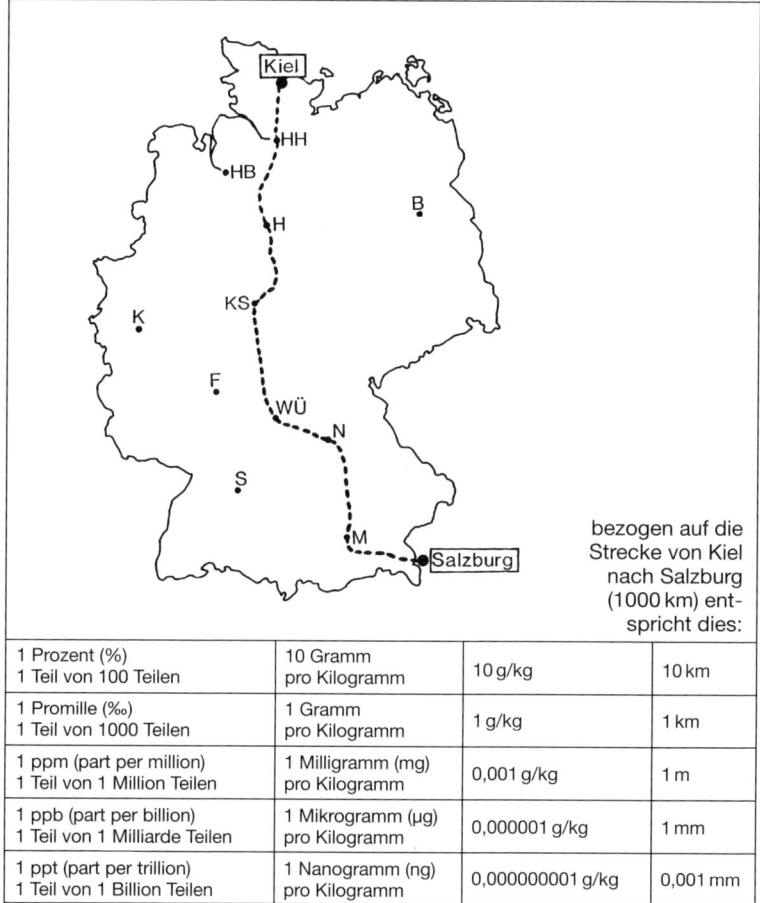

1 Prozent (%) 1 Teil von 100 Teilen	10 Gramm pro Kilogramm	10 g/kg	bezogen auf die Strecke von Kiel nach Salzburg (1000 km) entspricht dies: 10 km
1 Promille (‰) 1 Teil von 1000 Teilen	1 Gramm pro Kilogramm	1 g/kg	1 km
1 ppm (part per million) 1 Teil von 1 Million Teilen	1 Milligramm (mg) pro Kilogramm	0,001 g/kg	1 m
1 ppb (part per billion) 1 Teil von 1 Milliarde Teilen	1 Mikrogramm (µg) pro Kilogramm	0,000001 g/kg	1 mm
1 ppt (part per trillion) 1 Teil von 1 Billion Teilen	1 Nanogramm (ng) pro Kilogramm	0,000000001 g/kg	0,001 mm

Abb. 20. Größenordnung von Maßeinheiten

Rückstände von Pflanzenschutzmitteln werden in mg Wirkstoff pro kg Nahrungsmittel (ppm) angegeben. Die moderne Analytik kann heute Stoffe auch im ppb- oder ppt-Bereich nachweisen. In der Abb. 20 werden diese Maßeinheiten anschaulich erläutert.
Wenn ein Pflanzenschutzmittel zur Bekämpfung eines Schadorganismus ausgebracht wird, dann bleibt es dort nicht unverändert liegen. Alle heute zugelassenen Präparate unterliegen einem Abbauprozess, der vor allem durch ultraviolette Bestandteile des Lichtes, Verflüchtigung, Wärme, Wasser und Mikroorganismen gesteuert wird. Die ursprüngliche Kon-

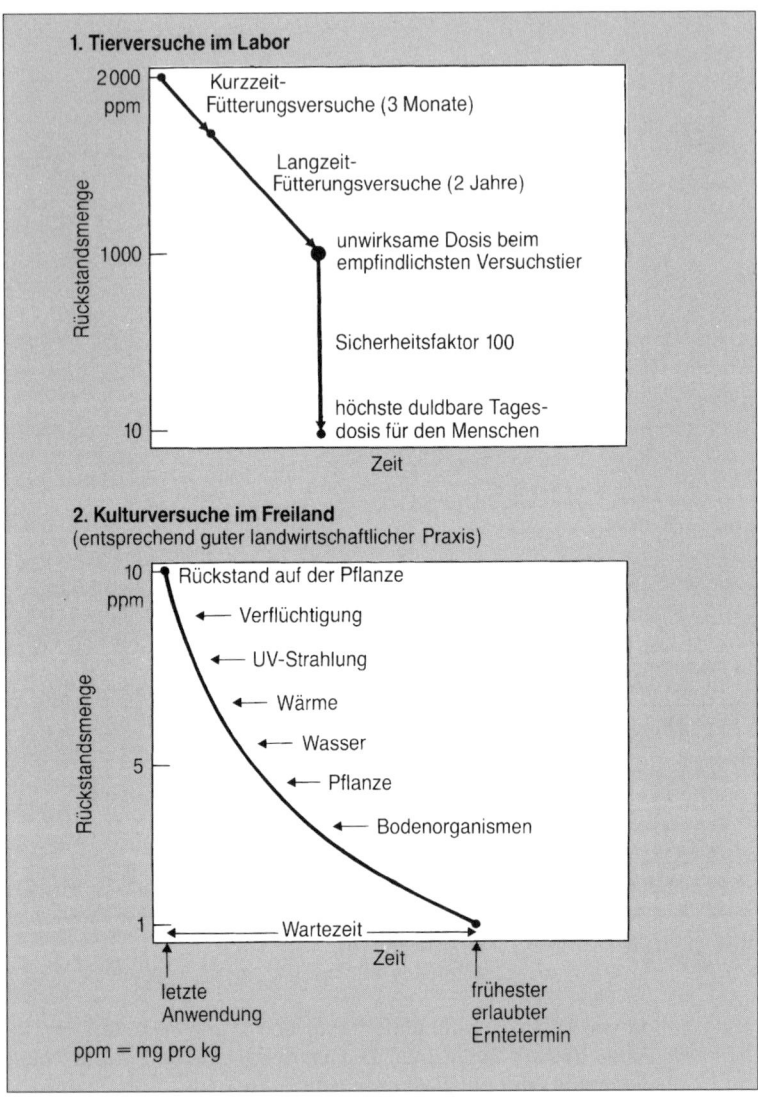

1. Tierversuche im Labor

2000 ppm — Kurzzeit-Fütterungsversuche (3 Monate)

Langzeit-Fütterungsversuche (2 Jahre)

1000 — unwirksame Dosis beim empfindlichsten Versuchstier

Sicherheitsfaktor 100

10 — höchste duldbare Tages-dosis für den Menschen

Rückstandsmenge

Zeit

2. Kulturversuche im Freiland
(entsprechend guter landwirtschaftlicher Praxis)

10 ppm — Rückstand auf der Pflanze

← Verflüchtigung

← UV-Strahlung

← Wärme

← Wasser

← Pflanze

← Bodenorganismen

5 —

1 — Wartezeit

Zeit

letzte Anwendung

frühester erlaubter Erntetermin

Rückstandsmenge

ppm = mg pro kg

Abb. 21. Ermittlung der Rückstands-Höchstmenge und der Wartezeit von Pflanzenschutzmitteln.

zentration des Mittels nimmt dadurch laufend ab – das Präparat wird »abgebaut«.

Bei der Bekämpfung der allermeisten Schadorganismen muss die Maßnahme nicht bis unmittelbar vor dem Erntezeitpunkt fortgesetzt werden. Bei guter fachlicher Praxis ist es möglich, sie deutlich früher zu beenden. Es wird also zwischen der letzten Mittelanwendung und dem Erntezeitpunkt eine *Wartezeit* eingeschoben.

Wenn nun die Rückstandsversuche unter Einhaltung guter fachlicher Praxis, d. h. bei

▶ Einhalten der Aufwandmengen,

▶ Einhalten der Wartezeit

ergeben, dass zum Erntezeitpunkt niedrigere Rückstandswerte möglich sind, als bei den Fütterungsversuchen errechnet wurden, dann setzt der Gesetzgeber automatisch die niedrigeren Werte als *gesetzliche Höchstmengen* fest.

Beispiele für Höchstmengen von Pflanzenschutzmitteln auf oder in pflanzlichen Erzeugnissen (Stand: 17. Verordnung zur Änderung der Rückstands-Höchstmengen-Verordnung vom 21. September 2006)

Imidacloprid (Confidor WG 70)
2,00 mg/kg	Hopfen
1,00 mg/kg	Paprika, Salatarten
0,50 mg/kg	Kernobst, Zitrusfrüchte
0,30 mg/kg	Aprikose, Aubergine, Pfirsiche, Tomaten
0,20 mg/kg	Kartoffeln
0,05 mg/kg	andere pflanzliche Lebensmittel

Azoxystrobin (Amistar, Ortiva)
20,00 mg/kg	Hopfen
2,00 mg/kg	Tomaten, Trauben, Erdbeeren, Bananen
0,50 mg/kg	Blumenkohle
0,30 mg/kg	Gerste, Roggen, Triticale, Weizen
0,10 mg/kg	Schalenfrüchte, Tee
0,05 mg/kg	andere pflanzliche Lebensmittel.

5.4.2 Wartezeiten

Die Bestimmungen über **Wartezeiten** schreiben jenen Zeitraum in Tagen vor, der zwischen der letzten Behandlung einer Kultur mit einem bestimmten Präparat bis zur Ernte bzw. frühestmöglicher Nutzung des behandelten Produkts mindestens vergehen muss. Die Spannen reichen im

Allgemeinen von wenigen bis zu über 50 Tagen. Der Buchstabe F anstelle einer Angabe von Tagen bedeutet, dass die Wartezeit durch die Vegetationszeit abgedeckt ist, die zwischen vorgesehener Anwendung und normaler Ernte verbleibt. Der Buchstabe N bedeutet, dass die Festlegung einer Wartezeit ohne Bedeutung ist. Die Wartezeiten sind Bestandteil der Gebrauchsanleitung.

Beispiele für Wartezeiten bei Pflanzenschutzmitteln
(Quelle: Pflanzenschutzmittelverzeichnis des BVL)

Alle *Beizmittel:* F

Fungizide:

Desmel, Tilt 250EC	bei Weizen gegen Echten Mehltau, Spelzenbräune, Braunrost	35 Tage
Ridomil Gold Combi	bei Kopfsalat gegen Falschen Mehltau	21 Tage

Insektizide:

Karate mit Zeon Technologie	bei Getreide gegen Blattläuse	35 Tage
	bei Kopfkohlen, Blumenkohlen gegen saugende Insekten	7 Tage

Herbizide:

Starane 180	bei Wintergetreide gegen Klettenlabkraut	F
	bei Zwiebelgemüse gegen Klettenlabkraut	28 Tage

Bei der überwiegenden Mehrzahl aller Herbizide ist als Wartezeit F angegeben, d. h., dass bei vorgesehener ordnungsgemäßer Anwendung die Wartezeiten auf jeden Fall innerhalb der Vegetationszeit der behandelten Kultur eingehalten werden können.
Bei der Anwendung von Herbiziden in Futterpflanzen bzw. im Grünland ist mindestens eine Wartezeit von 28 Tagen bei Gras- und Heunutzung einzuhalten. Bei Mais bestehen Wartezeiten von 60 bzw. 90 Tagen.

Die für die verschiedenen Pflanzenschutzmittel festgesetzten Wartezeiten können sehr unterschiedlich ausfallen. Dies beruht auf folgenden Tatsachen:

▶ Ein bestimmter Wirkstoff kann auf und in verschiedenen Kulturpflanzen in unterschiedlicher Geschwindigkeit abgebaut werden.

▶ Die verschiedenen Wirkstoffe werden unterschiedlich schnell abgebaut.

▶ Die letzte sinnvolle Behandlung muss in sehr unterschiedlich großem Abstand vor der Ernte ausgebracht werden (Fungizide wenige Tage, Herbizide viele Wochen vor der Ernte).

> *Die Einhaltung der Wartezeiten gewährleistet, dass zum Nutzungszeitpunkt des Produkts keine höheren Rückstände des Wirkstoffs vorhanden sind, als dies die Vorschriften über Höchstmengen erlauben.*

Ferner ist zu beachten:

▶ **Wartezeit und Abdrift:** Gelangt ein Wirkstoff durch Abdrift auf eine Nachbarkultur, die vor Ablauf der für diese Kultur gültigen Wartezeit geerntet werden könnte, ist der Verursacher verpflichtet, den Betroffenen von der Abdrift zu verständigen und die notwendigen Informationen zu geben.

▶ **Wartezeit und Umbruch:** Bei vorzeitigem Umbruch einer mit bestimmten Präparaten (z. B. Bodenherbiziden) behandelten Kultur ist vor dem Nachbau einer anderen, unter Umständen empfindlicheren Kultur die Einhaltung einer Wartezeit empfehlenswert. Diese kann aber nicht vorgeschrieben werden, sondern beruht auf Erfahrung. Auskünfte hierüber erteilen die Herstellerfirmen der Pflanzenschutzmittel oder die amtliche Beratung.

5.4.3 Anwendungsverbote und -beschränkungen

Um die Anwendung von besonders die Gesundheit gefährdenden oder die Umwelt belastenden Wirkstoffen völlig zu verhindern oder auf ein Mindestmaß herabzusetzen, wurde die **Pflanzenschutz-Anwendungs-Verordnung** erlassen.

Diese ist in mehrere Teile gegliedert und enthält für bestimmte Stoffe:

▶ **Vollständige Anwendungsverbote:** In dieser Liste sind Stoffe aufgeführt, deren Verwendung wegen ihrer sehr hohen Giftigkeit oder ihrer langen Verweildauer in der Umwelt heute nicht mehr zulässig ist. Diese Präparate dürfen im Inland als Pflanzenschutzmittel weder vertrieben noch angewendet werden.
Beispiele: Aldrin, Atrazin, Captafol, Endrin, Quecksilber, 2,4,5-T.

▶ **Eingeschränkte Anwendungsverbote:** In dieser Liste aufgeführte Wirkstoffe dürfen nur für ganz bestimmte Anwendungsgebiete verwendet werden und unterliegen z. T. der Zustimmung der zuständigen Behörde.

▶ **Anwendungsbeschränkungen:** Bei den in dieser Liste, Abschnitt A, aufgeführten Wirkstoffen sind die in der Gebrauchsanleitung festgelegten bußgeldbewehrten Anwendungsbestimmungen einzuhalten. Pflanzenschutzmittel, die aus einem der in dieser Liste, Abschnitt B, aufgeführten Stoffe bestehen oder einen solchen Stoff enthalten, dürfen nicht in Wasserschutzgebieten und Heilquellenschutzgebieten angewendet werden (siehe Kapitel Wasserschutz).

▶ **Besondere Abgabebedingungen:** Für Wirkstoffe, die in dieser Liste aufgeführt sind und die auf Nichtkulturland angewendet werden sollen, muss der Käufer dem Verkäufer vor der Abgabe dieser Mittel eine Genehmigung zur Anwendung vorlegen.

Ein Pflanzenschutzmittel darf nur in dem Anwendungsgebiet eingesetzt werden, für das es eine Zulassung oder eine Genehmigung hat. Der Einsatz in anderen Kulturen oder gegen andere Schaderreger stellt eine Ordnungswidrigkeit dar und ist bußgeldbewehrt.

Verantwortungsvoller Verbraucherschutz beinhaltet
▶ *Beachtung der ausgewiesenen Aufwandmengen,*
▶ *Einhalten der vorgeschriebenen Wartezeiten,*
▶ *Einhalten der Anwendungsvorschriften.*

Überprüfen Sie Ihr Wissen mit den Fragen 701–717.

5.5 Schutz des Naturhaushaltes

Das Pflanzenschutz-Gesetz stellt den Schutz des Naturhaushalts vor nachteiligen Auswirkungen des Pflanzenschutzes gleichrangig neben den Schutz der Kulturpflanze und der Gesundheit von Mensch und Tier. Im Gesetz wird definiert:
▶ **Naturhaushalt:** Seine Bestandteile Boden, Wasser, Luft, Tier- und Pflanzenarten sowie das Wirkungsgefüge zwischen ihnen.
▶ Dem Schutz des Naturhaushaltes dient auch die in Paragraf 6, Absatz 2, aufgenommene Bestimmung:
»Pflanzenschutzmittel dürfen auf **Freilandflächen** nur angewandt werden, so weit diese landwirtschaftlich, forstwirtschaftlich oder gärtnerisch genutzt werden. Sie dürfen jedoch nicht in oder unmittelbar an oberirdischen Gewässern angewandt werden.«
Unter Freilandflächen versteht das Gesetz die nicht durch Gebäude oder Überdachungen ständig abgedeckten Flächen, unabhängig von ihrer Beschaffenheit oder Nutzung; dazu gehören auch Verkehrsflächen jeglicher Art, wie Gleisanlagen, Straßen, Wege-, Hof- und Betriebsflächen sowie sonstige durch Tiefbaumaßnahmen veränderte Landflächen.
Nicht zu den landwirtschaftlich, forstwirtschaftlich und gärtnerisch genutzten Flächen zählen im Allgemeinen die angrenzenden Feldraine, Bö-

schungen, nicht bewirtschafteten Flächen und Wege einschließlich der Wegränder. Zum Schutz der Tier- und Pflanzenarten werden bei der Zulassung der Pflanzenschutzmittel vielfach Anwendungsbestimmungen (bußgeldbewehrte Auflagen) erlassen, die in Abhängigkeit von der Ausstattung des Pflanzenschutzgerätes mit verlustmindernder Technik, der Breite der »Nichtzielflächen« (Feldraine, Hecken, Gehölzinseln) und dem Anteil von Kleinstrukturen in der Agrarlandschaft unterschiedliche *Mindestabstände* festlegen.

Beispiel einer NT-Auflage:

»Die Anwendung des Mittels muss in einer Breite von mindestens 20 m zu angrenzenden Flächen (ausgenommen landwirtschaftlich oder gärtnerisch genutzte Flächen, Straßen, Wege und Plätze) mit einem verlustmindernden Gerät erfolgen, das mindestens in die Abdriftminderungsklasse 90 % eingetragen ist. Verlustmindernde Technik ist nicht erforderlich, wenn die Anwendung mit tragbaren Pflanzenschutzgeräten erfolgt oder angrenzende Flächen weniger als 3 m breit sind oder die Anwendung in einem Gebiet erfolgt, das von der Biologischen Bundesanstalt im »Verzeichnis der regionalisierten Kleinstrukturanteile« als Agrarlandschaft mit einem ausreichenden Anteil an *Kleinstrukturen* ausgewiesen ist.«

Je nach Gefährdungspotential des Mittels sind diese Anwendungsbestimmungen unterschiedlich scharf gefasst.

Sie sind grundsätzlich bußgeldbewehrt.

5.5.1 Beseitigung von Pflanzenschutzmittelresten und -behältnissen

Leere Behältnisse und Verpackungen sowie Reste von Pflanzenschutzmitteln, die nicht mehr eingesetzt werden können, stellen *Abfall* dar und unterliegen somit den Bestimmungen des Abfallbeseitigungs-Gesetzes. Restmengen von Pflanzenschutzmitteln lassen sich vermeiden durch:

▶ Genaue Berechnung des tatsächlichen Bedarfes.
▶ Kauf nur der benötigten Menge. Vorratshaltung beinhaltet die Gefahr eines zwischenzeitlichen Anwendungsverbotes. Eventuell werden die gelagerten Pflanzenschutzmittel auch durch bessere überholt.
▶ Exakte Bedarfsermittlung für die Behandlungsfläche.
▶ Richtige Einstellung der Pflanzenschutzgeräte.
▶ Einhalten der Fahrgeschwindigkeit und des Druckes.

Pflanzenschutzmittelreste, Spritzflüssigkeitsreste und Wasser, das bei der Gerätereinigung anfällt, dürfen keinesfalls in Gewässer, Abflüsse, Entwässerungs- und Straßengräben, Sicherheitsschächte gelangen. Sie dürfen auch keinesfalls auf Ödland, an Wegrändern, im Wald entsorgt werden.

Sachgerechte Beseitigung

▶ **Spritzflüssigkeit,** die nach der Behandlung übrig bleibt, wird stark verdünnt (ca. 1:10) und auf der schon behandelten Fläche nochmals ausgebracht.

▶ **Präparate-Restmengen** sind *Sonderabfall* und müssen den zuständigen kommunalen Schadstoff-Sammelstellen zugeführt werden. Sie unterliegen den Bestimmungen des Abfallbeseitigungs-Gesetzes. Stadtverwaltung oder Kreisverwaltung geben Auskunft über die nächstgelegene Sammelstelle bzw. ob und wann spezielle Sammelaktionen (Giftmobil) stattfinden.

▶ **Leere Verpackungen** sind sorgfältig zu spülen (Spülwasser in Spritzgerät!). Sie dürfen nicht weiter verwendet werden. Die entleerten und sauber gespülten Verpackungen sind zu festgelegten Terminen über die PAMIRA-Sammelstellen zu beseitigen. Die Orte und Annahmezeitpunkte sind beim Handel zu erfragen.
Für Pflanzenschutzmittel für den Haus- und Kleingartenbereich gilt: Leere, gespülte Verpackungen, sofern sie das Wertstoffzeichen »grüner Punkt« tragen, den Wertstoffsammlungen zuführen.
Leere, gespülte Verpackungen ohne dieses Zeichen können über den Hausmüll entsorgt werden.

▶ **Pflanzenschutzmittel, deren Zulassung abgelaufen ist:**
Die Zulassung eines Pflanzenschutzmittels ist zeitlich begrenzt. Der **Vertriebsunternehmer** muss sich daher stets über den Zulassungsstand der von ihm vertriebenen Pflanzenschutzmittel auf dem Laufenden halten. Nach Ablauf der Zulassung darf ein Pflanzenschutzmittel nicht mehr vertrieben (d. h. verkauft, verschenkt) werden. Das Pflanzenschutzmittel ist aus dem Verkaufsangebot zu nehmen und fachgerecht zu entsorgen. Eine Rücknahmeverpflichtung der Hersteller kann unter bestimmten Voraussetzungen durch den amtlichen Pflanzenschutzdienst angeordnet werden.
Beim **Anwender** stehende Pflanzenschutzmittel dürfen noch bis zum Ablauf des zweiten auf das Ende der Zulassung folgenden Jahres angewandt werden, sofern keine Anwendungsverbote bestehen oder der amtliche Pflanzenschutzdienst die Anwendung im Rahmen einer Allgemeinverfügung untersagt hat.

▶ *Nach Ablauf der Zulassung dürfen Pflanzenschutzmittel nicht mehr vertrieben werden. Der Anwender kann sie noch zwei Jahre aufbrauchen, sofern kein Anwendungsverbot besteht.*
▶ *Restmengen lassen sich vermeiden*
   – bei überlegtem Mitteleinkauf,
   – richtiger Bedarfsberechnung,
   – exakter Geräteeinstellung.

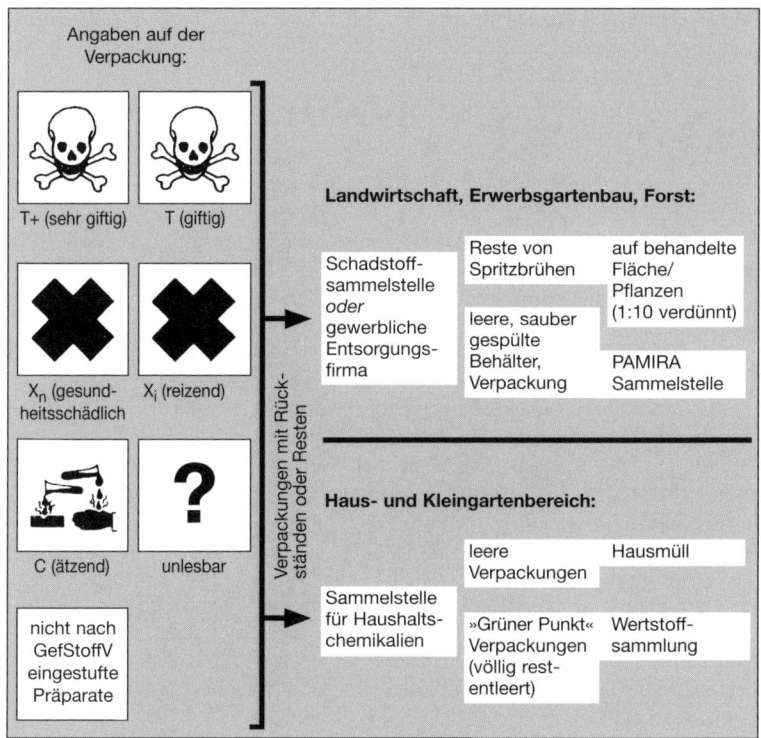

Abb. 22. Beseitigung der Reste von Pflanzenschutzmitteln und der
gebrauchten Verpackungen.

5.5.2 Trink- und Grundwasserschutz

Wasser ist das wichtigste Lebensmittel. Es ist absolut unentbehrlich für
jegliches pflanzliche, tierische und menschliche Leben.
Der Schutz des Wassers vor Verunreinigungen jeder Art hat höchste Pri-
orität und liegt im eigenen Interesse eines jeden Mitbürgers.
Die unsachgemäße Handhabung von Pflanzenschutzmitteln und die Reinigung der Pflanzenschutzgeräte und -gebinde auf der befestigten Hoffläche können zur Gefährdung des Wassers führen.
In Oberflächengewässern (Bäche, Flüsse, Teiche, Seen) gefährdet die Einleitung von Pflanzenschutzmitteln Fische und Fischnährtiere, denn eine
Reihe von Präparaten ist fischgiftig und/oder giftig für Fischnährtiere.
Grundwasservorkommen sind vor allem für die Trinkwassergewinnung

von Bedeutung. Wenn Grundwasser mit Pflanzenschutzmitteln verunreinigt wird, dann verliert dieses Wasser seine Trinkwassereignung. Der Abbau der Pflanzenschutzmittel im Grundwasser erfolgt zudem wegen Sauerstoffmangel in der Tiefe entweder gar nicht oder bedeutend langsamer als an der Bodenoberfläche.

Aus diesen Gründen ist nach dem Wasserhaushalts-Gesetz jedermann verpflichtet, bei Maßnahmen, mit denen Einwirkungen auf ein Gewässer verbunden sein können, besondere Sorgfalt walten zu lassen, um eine Verunreinigung des Wassers oder eine sonstige nachteilige Veränderung seiner Eigenschaften zu verhüten (§ 1a, Wasserhaushalts-Gesetz).

Grundwassergefährdungen können entstehen durch Präparate, die relativ leicht in den Boden eingewaschen werden, ohne
– in kurzer Zeit abgebaut oder
– an den Ton-Humuskomplex des Bodens gebunden oder
– von den Mikroorganismen zerlegt zu werden.

Werden solche Präparate über längere Zeit und mit höheren Aufwandmengen auf der gleichen Fläche ausgebracht, so ist nicht auszuschließen, dass auf durchlässigen Böden der Wirkstoff bis in das Grundwasser gelangen kann. Dies wurde in der Vergangenheit vor allem bei intensivem Maisanbau und bevorzugter Verwendung atrazinhaltiger Präparate beobachtet und hat letztendlich zu deren Anwendungsverbot geführt. Aktuell zwingen Funde eines Abbauproduktes eines Rübenherbizides in Grund- und Trinkwasser zu einer starken Einschränkung der Anwendung dieses Mittels mit gleichzeitiger Begrenzung der Aufwandmenge pro ha.

Gefährdete Flächen sind vor allem
– Karstgebiete,
– Standorte mit stark sandigen Böden oder Schotterböden,
– Standorte mit nur geringer Deckschicht über dem Grundwasser sowie
– Standorte mit intensivem Anbau.

Wasserschutzgebiete

Die Trinkwasser-Verordnung legt Grenzwerte für Rückstände von Pflanzenschutzmitteln fest. Für einen Einzelwirkstoff liegt der Grenzwert bei 0,0001 mg pro Liter oder 0,1 µg pro Liter Wasser, für mehrere Wirkstoffe liegt der Grenzwert bei 0,0005 mg/l bzw. 0,5 µg/l.

Trinkwasser wird regelmäßig auf Pflanzenschutzmittel-Rückstände untersucht.

Zum Schutz der öffentlichen Trinkwasserversorgung vor Verunreinigungen verschiedenster Art sind Wasserschutzgebiete ausgewiesen, die im allgemeinen in drei Schutzzonen unterteilt werden.

Schutzzone I:
Diese Zone enthält den *eigentlichen Fassungsbereich* und dessen unmittelbare Umgebung und ist eingezäunt. Innerhalb dieser Zone dürfen keinerlei Fremdstoffe ausgebracht werden.

Schutzzone II:

Diese »engere Schutzzone« umfasst eine Fläche, von deren äußeren Grenzen Grundwasser eine Fließzeit von 50 Tagen bis zum Fassungsbereich benötigt.

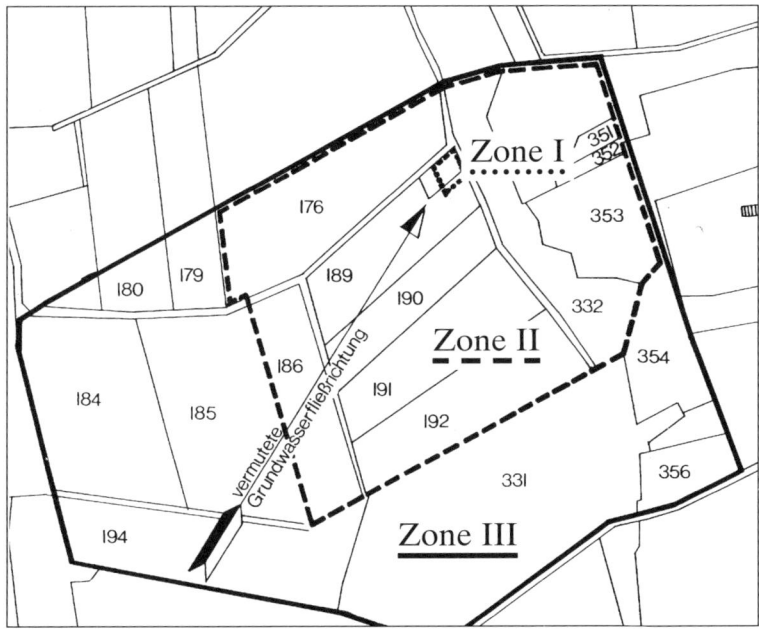

Abb. 23 **Beispiel** eines Wasserschutzgebietes:
Zone I: (Fassungsbereich):   Keine Anwendung von Pflanzenschutzmitteln
Zone II: (engere Schutzzone): ⎫ Keine Anwendung von Pflanzenschutzmitteln
Zone III: (weitere Schutzzone):⎭ mit Wasserschutzgebiets-Auflage.

Schutzzone III:

Die »weitere Schutzzone« umfasst in der Regel größere Flächen um die engere Schutzzone herum.
Bei sehr großen Wasserschutzgebieten kann eine weitere Unterteilung in die Zonen III A und III B erfolgen.

> *Es ist Pflicht eines jeden **Grundstücksbesitzers**, der Pflanzenschutzmittel einsetzen will, sich zu vergewissern, ob und inwieweit seine Grundstücke in einem Wasserschutzgebiet liegen.*

Auskunft über die Grenzen eines Schutzgebietes erhält der Anwender entweder von der zuständigen Gemeindeverwaltung oder vom zuständigen Wasserwirtschaftsamt.

Vor allem die Verwendung von Wirkstoffen mit ungünstigem Versickerungsverhalten kann zur Gefährdung des Grundwassers führen. Aus diesem Grunde werden im Rahmen der Zulassungsprüfung alle Pflanzenschutzmittel auf ihr Versickerungsverhalten untersucht.
Wird bei diesen Untersuchungen festgestellt, dass der Wirkstoff im Boden zur Versickerung neigt und demzufolge das Grundwasser gefährden
kann, dann wird dieser Stoff in die **Liste 3 B der Pflanzenschutz-Anwendungs-Verordnung** aufgenommen.
Für den Anwender von Pflanzenschutzmitteln bedeutet dies:

---

*Pflanzenschutzmittel, die mit einer Wasserschutzgebiets-Auflage belas-
tet sind, dürfen im gesamten Wasserschutzgebiet nicht angewendet
werden.*

Pflanzenschutzmittel mit Wirkstoffen, die zur Versickerung neigen, erhalten bei der Zulassung Auflagen zum Schutz des Grundwassers.
Beispiele:»Keine Anwendung in Zuflussbereichen (Einzugsgebieten) von
Grund- und Quellwassergewinnungsanlagen, Heilquellen und Trink-
wassertalsperren sowie sonstigen grundwasserempfindlichen Bereichen.«
»Keine Anwendung auf Böden mit einem mittleren Tongehalt grö-
ßer/gleich 30 %.«
Verstöße gegen Wasserschutzbestimmungen sind nach dem Pflanzenschutz-Gesetz und dem Wasserhaushaltsgesetz bußgeldbewehrte *Ordnungswidrigkeiten* und können mit *Geldbußen* bis zu 50 000 Euro geahndet werden.

5.5.3 Schutz der Oberflächengewässer

Neben dem *Grundwasser* sind auch die *Oberflächengewässer* (Bäche,
Flüsse, Teiche, Seen) vor Pflanzenschutzmitteleinträgen zu schützen. Es
müssen alle Anstrengungen unternommen werden, Einträge zu verhindern.
Die wichtigsten **Eintragpfade** sind
– Hofabläufe,
– Abdrift,
– Abschwemmung, Drainagen.
▶ **Hofabläufe**
   Gelangen beim Ansetzen der Spritzbrühe, beim Füllen des Gerätes
   und bei der Kanisterreinigung nur kleinste Mengen an Pflanzenschutzmitteln auf die befestigte Hoffläche, so werden sie mit dem
   nächsten Regen über den Gully in die Kanalisation verfrachtet. Wenn
   trotz intensiver Beratung die Gerätereinigung auf der Hoffläche
   erfolgt, erhöht sich die Gefahr einer Gewässerbelastung um ein Viel-
   faches.

Beispiel: Gelangen beim Befüllen des Gerätes (Überlauf) oder bei der Reinigung (technisch bedingte Restmenge im Gerät) nur fünf Liter Spritzbrühe eines Pflanzenschutzmittels, das bei einem Wirkstoffgehalt von 150 g/l mit 2,5 l/ha und 300 l/ha Wasser ausgebracht wird, in die Kanalisation, werden damit letztlich 6,25 g Wirkstoff in ein Oberflächengewässer eingebracht. Diese Menge reicht aus, um 62 500 000 l Wasser bis zu einem Grenzwert von 0,1 µg/l zu belasten.

Denn: Pflanzenschutzmittel werden in der Kläranlage nicht abgebaut! Deshalb:

- Spritze wenn möglich auf dem Feld füllen; bei Hoffüllung streng darauf achten, dass nichts daneben geht (Überlauf);
- Kanisterspülung auf dem Feld; Spülwasser in das Spritzgefäß;
- Spritzenreinigung (innen und außen) immer auf dem Feld mit mitgeführtem Frischwasser, verdünnte Spritzbrühe auf der Behandlungsfläche ausbringen;
- ungereinigte Spritzgeräte immer unter Dach abstellen.

▶ **Abdrift von Pflanzenschutzmitteln**
Unter Abdrift ist das Verwehen von Spritzflüssigkeit bei der Anwendung zu verstehen. Sie erfolgt insbesondere bei

- falsch eingestelltem Spritzgerät, besonders bei zu hohem Druck und zu feinen Düsen;
- Spritzen bei starkem Wind;
- Spritzen bis an den Uferrand der Gewässer.

Zum Schutz der Gewässerorganismen werden im Rahmen der Zulassung *Mindestabstände* zu Gewässern vorgeschrieben, die bei Flächenkulturen bis zu 20 m, bei Raumkulturen (z. B. Obst, Hopfen) bis zu 50 m betragen können. Bei Zulassungen von Pflanzenschutzmitteln vor 1999 wurden *starre Abstandsauflagen* festgelegt.

Beispiel:»Zwischen der behandelten Fläche und einem Oberflächengewässer muss mindestens folgender Abstand bei der Anwendung des Mittels eingehalten werden: 20 m«

Seit 2000 werden nach dem Stand der wissenschaftlichen Erkenntnisse und der Technik *flexible Abstandsregelungen* festgelegt. Die einzuhaltenden Abstände können reduziert werden, wenn die örtlichen Bedingungen (Ufervegetation, Gewässertyp, Anwendungstechnik) zu einem geringeren Risiko führen und in der Gebrauchsanleitung auf diese Möglichkeit hingewiesen wird. Derartige Abstandsregelungen wurden nur für wenige Mittel erlassen.

Seit 2002 erfolgt die Festlegung der Mindestabstände in Abhängigkeit von der *verlustmindernden Ausrüstung* der Pflanzenschutzgeräte.

Beispiel:»Die Anwendung des Mittels auf Flächen in Nachbarschaft von Oberflächengewässern muss mit einem Gerät erfolgen, das in das Verzeichnis»Verlustmindernde Geräte« eingetragen ist. Dabei sind in Abhängigkeit von den aufgeführten Abdriftminderungsklassen der

verwendeten Geräte die im Folgenden genannten Mindestabstände
einzuhalten.«

50 %: 5 m, 75 %: 5 m; 90 %: »*« ≙ nach Landesrecht vorgeschriebener
Mindestabstand zu Oberflächengewässern. Ohne verlustmindernde
Technik: 10 m«

► **Abschwemmung von Pflanzenschutzmitteln, Drainagen**

In Hanglagen besteht bei Starkniederschlägen oder bei Beregnung
die Gefahr der Abschwemmung des Bodens und ausgebrachter Pflanzenschutzmittel in angrenzende Oberflächengewässer.

Ein Austrag von Pflanzenschutzmitteln aus der Behandlungsfläche
kann auch über die Drainage erfolgen.

Auch für diese Problembereiche werden bei der Zulassung Auflagen
und Anwendungsbestimmungen erlassen, bei deren Befolgung die
Gefahr der Gewässerbelastung minimiert wird.

Beispiel:»Aufgrund der Gefahr der Abschwemmung muss bei der
Anwendung zwischen der behandelten Fläche und Oberflächengewässern ... ein Sicherheitsabstand von mindestens 10 m eingehalten
werden.«

Der Abstand zu Oberflächengewässern wird von der Böschungsoberkante aus gemessen.

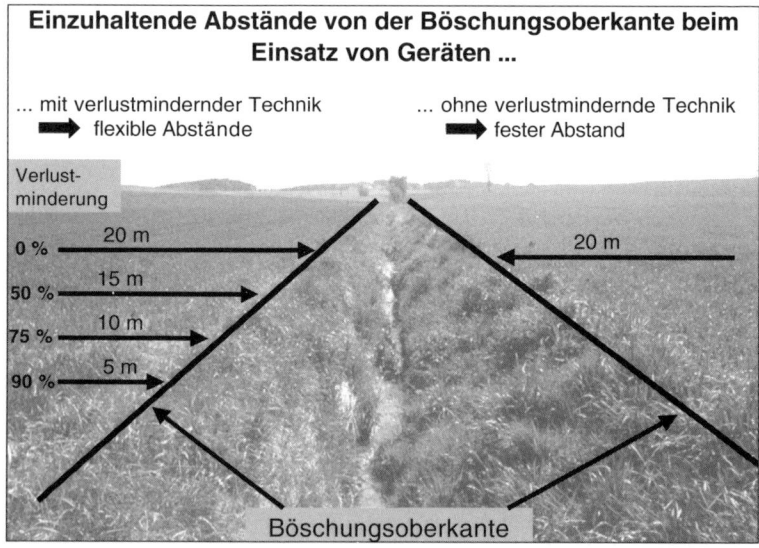

Abb. 23 a. Beispiel für einzuhaltende Abstände von der Böschungsoberkante
beim Einsatz von Geräten.

Vorsorgemaßnahmen

▶ **Abdrift vermeiden** durch Spritzen
  - mit angepasstem Druck,
  - mit richtigen Düsen und richtiger Düseneinstellung,
  - bei Windstille oder nur geringer Windgeschwindigkeit,
  - mit Mindestabstand zu Gewässern gemäß Gebrauchsanleitung.

▶ **Einleitung vermeiden:**
  - Vorsicht beim Befüllen der Spritze:
    Nur mit Rücksaugschutz arbeiten.
    Überlaufen der Spritze verhindern.
  - Keine Brühereste auf den Boden ablassen.
  - Geräteinnen- und -außenreinigung auf dem Feld, verdünnte Spritzbrühe auf der Behandlungsfläche ausbringen.
  - Ungereinigte Spritzgeräte vor Regen geschützt unter Dach abstellen.

▶ **Vorgaben der Gebrauchsanleitung** zum Gewässerschutz strikt befolgen.

Wasserverunreinigung lässt sich nicht beheben. Der beste Gewässerschutz ist gewissenhafte Vorsorge.

5.5.4 Bienenschutz

Sowohl die domestizierte **Honigbiene** als auch viele Arten von **Wildbienen** gehören zu den wichtigsten und nützlichsten Tierarten, die wir kennen. 80 % der Nutzpflanzenarten werden durch die Honigbiene bestäubt. Bekannt sind

▶ ihr Sammeltrieb für Blütennektar und Pollen, der zur Produktion von Honig und Wachs führt;

▶ ihre unersetzbare Rolle bei der Befruchtung vieler Obst- und Futterpflanzenarten;

▶ ihre vorteilhafte Rolle bei der Bestäubung von Pflanzenarten, die nicht unbedingt hinsichtlich ihrer Befruchtung auf Bienen angewiesen sind (wie z. B. Raps), aber bei Bienenflug eine deutliche Ertragssteigerung zeigen.

Bienengefährdung besteht

▶ bei Verwendung von Pflanzenschutzmitteln, die das BVL mit der Auflage zugelassen hat, sie als »bienengefährlich« zu kennzeichnen;

▶ insbesondere bei Behandlung blühender Pflanzen aller Art (blühende Kulturpflanzen und Unkräuter im Bestand) außer Hopfen und Kartoffeln, deren Blüten nicht von Bienen angeflogen werden;

▶ bei Behandlung von Pflanzen, an denen der von Blattläusen ausgeschiedene »Honigtau« erkennbar auftritt, der von Bienen gesammelt wird;

▶ bei eigenmächtiger Überkonzentration eines Mittels über die höchste in der Gebrauchsanleitung für einen vorgesehenen Anwendungsbereich angegebene Konzentration hinaus, z. B. durch Reduzierung der Wassermenge pro ha;

▶ bei Verschütten von Brüheresten in der Flur.

Der Gesetzgeber hat deshalb die Honigbiene unter besonderen Schutz gestellt und eine »Verordnung zum Schutz der Bienen vor Gefahren durch Pflanzenschutzmittel **(Bienenschutz-Verordnung)**« erlassen.

Bei der Kennzeichnung von Pflanzenschutzmitteln werden hinsichtlich deren Bienengefährlichkeit folgende *Kennzeichnungen* verwendet: Es bedeuten

NB 6611 = Bienengefährlich. Die Mittel dürfen nicht auf blühende oder von Bienen beflogene Pflanzen ausgebracht werden. Zu »blühenden Pflanzen« gehören auch blühende Unkräuter.

NB 6621 = Bienengefährlich, ausgenommen bei Anwendung nach dem täglichen Bienenflug bis 23 Uhr. Diese Mittel sind bei Ausbringung auf blühende Pflanzen während des Bienenflugs bienengefährlich. Sie dürfen daher nur nach Beendigung des täglichen Bienenflugs (bis spätestens 23 Uhr) auf blühende oder von Bienen beflogene Pflanzen ausgebracht werden.

NB 663 = Bienen werden nicht gefährdet auf Grund der durch die Zulassung festgelegten Anwendungen des Mittels (z. B. Beizmittel, Bodenherbizide).

NB 664 = Nicht bienengefährlich auf Grund einer amtlichen Prüfung bzw. auf Grund der derzeitigen Beurteilung der chemischen Zusammensetzung hinsichtlich der Wirkung auf Bienen. Beim Einsatz nicht bienengefährlicher Pflanzenschutzmittel ist die höchste als nicht bienengefährlich festgestellte Konzentration oder Aufwandmenge dem Pflanzenschutzmittelverzeichnis zu entnehmen.

Ferner schreibt die Bienenschutz-Verordnung vor:

▶ Innerhalb eines Umkreises von 60 m um einen Bienenstand dürfen bienengefährliche Mittel während des täglichen Bienenfluges nur mit Zustimmung des Imkers angewendet werden.

▶ Wer bienengefährliche Pflanzenschutzmittel an Bäumen im Wald anwenden will, hat dies derzeit spätestens 48 Stunden vorher der zuständigen Behörde anzuzeigen (z. B. der Kreisverwaltungsbehörde).

Verstöße gegen die Bienenschutz-Verordnung sind nach dem Pflanzenschutz-Gesetz als Ordnungswidrigkeiten **bußgeldbewehrt.**

Vorsorgender Bienenschutz

1. Blühende Bestände nur bei wirklich akutem Bedarf behandeln.
2. Bei blühenden Pflanzen im Bestand oder bei Blattlausausscheidung (»Honigtaubildung«) nur bienenungefährliche Mittel verwenden.

3. Wenn Spritzung blühender Bestände notwendig, dann diese möglichst gegen Abend bei abnehmendem oder beendetem Bienenflug durchführen.
4. Bei Spritzmaßnahmen mit bienengefährlichen Mitteln darf keinerlei Abdrift aus der Behandlungsfläche heraus auf
   – blühende Nachbarkulturen,
   – auf Feldraine mit blühenden Pflanzen
   erfolgen.
5. Vertrauensvollen Kontakt mit den Imkern suchen.
6. Im Kleingartenbereich grundsätzlich nur bienenungefährliche Präparate anwenden.

5.5.5 Schutz von Nützlingen

Unter »**Nützlingen**« versteht man Tierarten, die auf Grund ihrer räuberischen oder parasitierenden Lebensweise in der Lage sind, einige für die Kulturpflanzen schädliche Tierarten zu vernichten oder zu dezimieren.

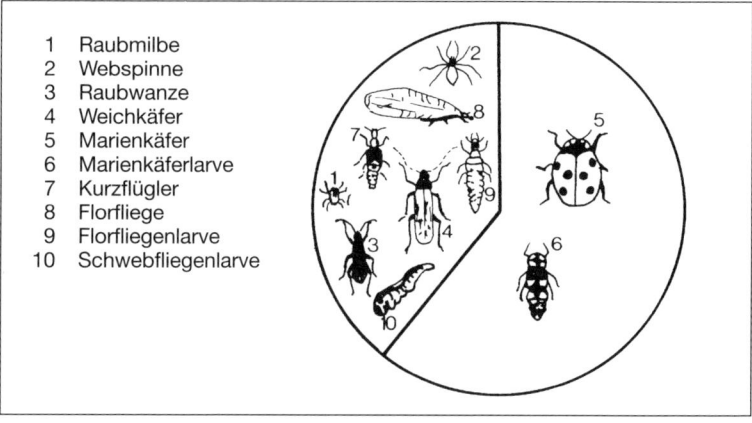

1 Raubmilbe
2 Webspinne
3 Raubwanze
4 Weichkäfer
5 Marienkäfer
6 Marienkäferlarve
7 Kurzflügler
8 Florfliege
9 Florfliegenlarve
10 Schwebfliegenlarve

Abb. 24. Natürliche Gegenspieler von Getreideblattläusen.

Vorrangig sind dies:
– **Marienkäferarten,** die als Larven und Käfer Blattläuse fressen;
– **Laufkäferarten,** die u. a. Schnecken und zur Verpuppung in den Boden abwandernde Larven von Kohlschotenmücken, Sattelmücken und Kohlfliegen fressen;
– **Florfliegen-** und **Schwebfliegenlarven,** die Blattläuse fressen;
– **Radnetzspinnen,** in deren Netzen sich häufig in großer Zahl Blattläuse fangen;
– **Raub-** und **Springspinnen,** die alles fressen, was sie überwältigen können;

Tabelle 11. Fraßquoten einiger Gegenspieler von Blattläusen

Art	Fraßquote
Marienkäfer – Käfer – Larven – während der ganzen Larvenentwicklung	120 Läuse/Tag 60–100 Läuse/Tag ca. 680 Läuse
Florfliegen – Fliegen – Larven	20 Läuse/Tag 30 Läuse/Tag
Schwebfliegen – Larven – im letzten Stadium	30–60 Läuse/Tag 100 Läuse/Tag

- **Raubmilben,** die Spinnmilben aussaugen;
- **Raubwanzen,** die Eier und Larven vieler Insekten aussaugen sowie vor allem eine große Zahl von
- **Schlupfwespen** aller Art, die als Parasiten ihre Eier in die Eier, Larven und Puppen verschiedenster Insektenarten ablegen, worauf die schlüpfenden Wespenlarven ihre Wirtstiere von innen her auffressen.

Beispiele hierfür:
Trichogramma evanescens gegen Maiszünsler, *Encarsia formosa* gegen Weiße Fliege.

Auch im Freiland brechen viele Blattlaus-Populationen durch die Parasitierung durch Schlupfwespen-Arten zusammen.

Nützlinge können im Freiland chemische Maßnahmen nicht völlig ersetzen, da sie sich in der Regel erst zu einem Zeitpunkt wirkungsvoll vermehrt haben, zu dem die Schädlinge bereits spürbare Schäden verursacht haben.

Nützlinge können aber sehr wohl mithelfen, die Zahl der chemischen Behandlungen zu reduzieren.

Es liegt deshalb im eigenen Interesse des Anwenders, sich die Mithilfe dieser Nützlinge nutzbar zu machen.

Möglichkeiten hierfür sind gegeben durch Beachtung folgender Grundsätze:

Insektizideinsätze
▶ Anwendung nur, wenn unbedingt notwendig.
▶ Soweit wie möglich selektiv wirkende Mittel bevorzugen.

▶ Im gärtnerischen Unterglasanbau die Auswahl von Pflanzenschutzmitteln auf die Verträglichkeit gegenüber vorhandenen bzw. eingesetzten Nützlingen abstimmen.

▶ Verantwortungsbewussten Biotopschutz betreiben, d. h. alle Flächen,
die nicht unmittelbar der land- und forstwirtschaftlichen sowie der
gärtnerischen Produktion dienen, nicht mit Pflanzenschutzmitteln
jeglicher Art belasten.

▶ Im Haus- und Kleingartenbereich Zurückhaltung beim Einsatz von
Pflanzenschutzmitteln üben. Hier stehen keine wesentlichen wirtschaftlichen Werte auf dem Spiel. Ihre Anwendung ist dort grundsätzlich nur erlaubt, wenn sie mit der Angabe »Anwendung im Haus- und
Kleingartenbereich zulässig« gekennzeichnet sind.

Auch **staatliche Förderprogramme** dienen der Nützlingsentwicklung und
Artenvielfalt:

Beispiele für Programminhalte:

– *Acker- und Wiesenrandstreifen:* Durch Nichtbehandlung eines Strei-
fens am Feldrand entlang wird nicht nur die Artenvielfalt von Pflanzen
erhalten, sondern die Blüten dieser Pflanzen dienen als Nahrungsquel-
le für viele nützliche Insektenarten, die auf der übrigen Kulturfläche
räuberisch oder parasitierend tätig werden können.

– *Wiesenbrüter:* Die vertraglich erfassten Wiesen werden erst nach Beendigung der Brutzeit der bodenbrütenden Vogelarten geschnitten.
Der späte Wiesenschnitt hat u. a. die Nebenwirkung, dass sich viele
nützliche Insektenarten vollständig an den blühenden Wiesenpflanzen
entwickeln können.

Beispiele für Förderprogramme:

– Landschaftspflegeprogramme,
– Programme für Mager- und Trockenstandorte,
– Bayerisches Kulturlandschafts-Programm (KULAP),
– Extensivierungsprogramme.

5.5.6 Wildschutz

Der Rückgang der Niederwildstrecken in den letzten Jahren wird auch
dem chemischen Pflanzenschutz angelastet.

Eindeutig nachweisbar sind einzelne Fälle von

– absichtlicher Vergiftung, besonders bei Fasan und Taube, zur Abwehr
der Vögel von auflaufenden Saaten; diese Maßnahme ist nach dem
Tierschutz-Gesetz strafbar;

– unbeabsichtigter Vergiftung, vor allem von Vögeln, durch die unsachgemäße Ausbringung von Sämereien, die mit vogeltoxischen Präparaten inkrustiert waren.

Möglich sind indirekte Einflüsse von Pflanzenschutzmitteln auf Nieder-
wild, die sich deshalb negativ auswirken, weil sie dessen Lebensraum verändern.

Ein Beispiel hierfür sind junge Rebhühner, die in den ersten Lebenswochen auf Insekten als Nahrung angewiesen sind, diese aber in entsprechend behandelten Flächen nicht oder zu wenig vorfinden.

Wichtigste Maßnahmen zum **Wildschutz:**

▶ Sehr sorgfältiger Umgang mit inkrustiertem Saatgut:
  – Kein Saatgut verschütten,
  – Saatgut sorgfältig in den Boden einbringen,
  – Nachrieseln des Saatgutes beim Ausheben der Sägeräte vermeiden;
▶ mit Insektizidgranulaten ebenso sorgfältig wie mit inkrustiertem Saatgut umgehen;
▶ keinerlei Pflanzenschutzmittelanwendung auf Wegrändern, Feldrainen, Waldsaumzonen, Uferbereichen, Nichtkulturland.

Überprüfen Sie Ihr Wissen mit den Fragen 801–854.

5.6 Sachgerechter Geräteeinsatz

Aufgabe der Pflanzenschutzgeräte ist es, Pflanzenschutzmittel zur Vorbeugung oder Bekämpfung von Pflanzenkrankheiten, Schädlingen oder Unkräutern auf eine bestimmte Fläche (Pflanze oder Boden) möglichst zielgenau und gleichmäßig zu verteilen.

5.6.1 Ausbringungsverfahren

Pflanzenschutzmittel können in verschiedenen Formen und Verfahren ausgebracht werden.

Abb. 25. Formen des Ausbringens von Pflanzenschutzmitteln.

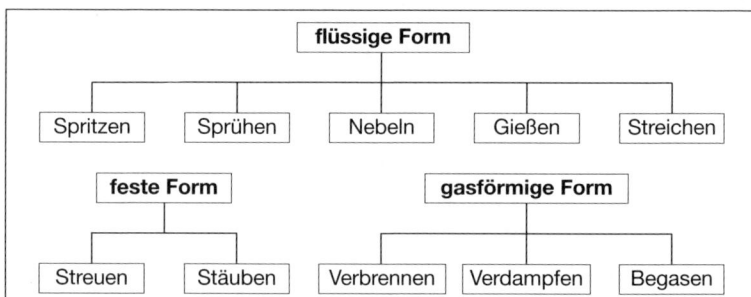

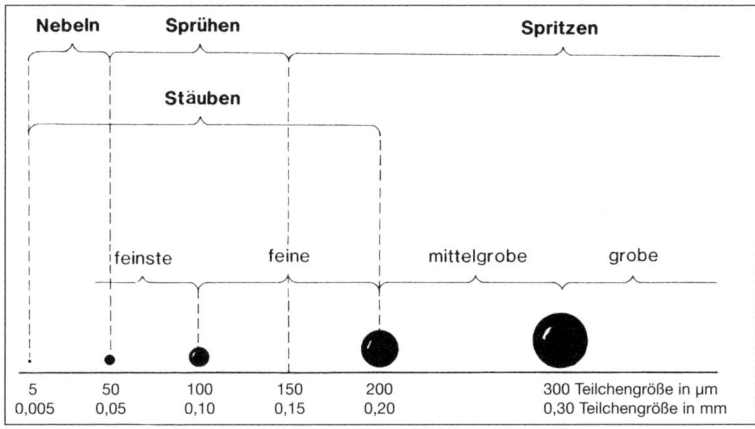

Abb. 26. Anwendungsverfahren und Teilchengröße.

▶ **Spritzen:** Die Behandlungsflüssigkeit (Spritzbrühe) wird unter Druck über Düsen ausgebracht. Die Tropfengröße schwankt zwischen 0,15 und 0,60 mm Durchmesser. Im Obst-, Wein-, Hopfenbau Einsatz von Gebläsespritzen, wobei die Spritztropfen zusätzlich mit einem Luftstrom auf die Pflanzen gebracht werden.

▶ **Sprühen:** Die Behandlungsflüssigkeit (Brühe) wird durch Luftdruck in sehr feinen Tröpfchen (0,05–0,15 mm Durchmesser) versprüht. Der Wasserbedarf ist demzufolge geringer als beim Spritzen, wegen der kleinen Tröpfchen die Abdriftgefahr jedoch höher.

▶ **Nebeln:** Bei diesem Verfahren wird die Behandlungsflüssigkeit in noch kleineren Tröpfchen (0,005–0,05 mm Durchmesser) verteilt. Nur in geschlossenen Räumen geeignet.

▶ **Gießen:** Ausbringen der Behandlungsflüssigkeit mit einfachen (Gießkanne) oder speziellen Gießgeräten im Feldgemüse- und Gartenbau.

▶ **Streichen:** Bestreichen der Pflanzen mit konzentrierter Behandlungsflüssigkeit (z. B. Dochtstreichgerät zur Ampferbekämpfung).

▶ **Streuen:** Ausbringen von Pflanzenschutzmitteln in Granulatform.

▶ **Stäuben:** Das pulverförmige Pflanzenschutzmittel wird mit Hilfe eines von einem Gebläse erzeugten Luftstromes zerstäubt.

▶ **Verbrennen, Verdampfen:** Das Pflanzenschutzmittel kommt als Räucher- oder Verdampfungsmittel in geschlossenen Räumen zum Einsatz.

▶ **Begasen:** Infolge chemischer Reaktionen wird der Wirkstoff in gasförmiger Form frei (z. B. zur Bekämpfung von Vorratsschädlingen oder Wühlmäusen).

▶ **Beizen, Inkrustieren:** Anlagerung der Pflanzenschutzmittel an das Saatgut.

5.6.2 Geeignete und funktionssichere Pflanzenschutzgeräte

Gemäß Pflanzenschutz-Gesetz dürfen Pflanzenschutzgeräte nur in den Verkehr gebracht oder eingeführt werden, wenn sie so beschaffen sind, dass ihre bestimmungsgemäße und sachgerechte Verwendung beim Ausbringen von Pflanzenschutzmitteln keine schädlichen Auswirkungen auf die Gesundheit von Mensch und Tier und auf das Grundwasser sowie keine sonstigen schädlichen Auswirkungen, insbesondere auf den Naturhaushalt, hat, die nach dem Stand der Technik vermeidbar sind (§ 24). Die Anforderungen an die Beschaffenheit und die Gebrauchsanleitung der Pflanzenschutzgeräte sind in der Verordnung über Pflanzenschutzmittel und Pflanzenschutzgeräte **(Pflanzenschutzmittel-Verordnung)** geregelt.

5.6.3 Beschaffenheit der Pflanzenschutzgeräte

Pflanzenschutzgeräte müssen so beschaffen sein, dass

1. sie zuverlässig funktionieren,
2. sie sich bestimmungsgemäß und sachgerecht verwenden lassen,
3. sie ausreichend genau dosieren und verteilen,
4. bei bestimmungsgemäßer und sachgerechter Verwendung das Pflanzenschutzmittel am Zielobjekt ausreichend abgelagert wird,
5. Teile, die sich bei Gebrauch des Pflanzenschutzgerätes erhitzen, beim Befüllen oder Entleeren des Gerätes von Pflanzenschutzmitteln nicht getroffen werden,
6. sie sich sicher befüllen lassen,
7. sie gegen Verschmutzung so gesichert sind, dass ihre Funktion nicht beeinträchtigt wird,
8. Überschreitungs- und Unterschreitungsgrenzen der zu befüllenden Behälter leicht erkennbar sind,
9. ein ausreichender Sicherheitsabstand zwischen Nennvolumen und Gesamtvolumen der zu befüllenden Behälter vorhanden ist,
10. Pflanzenschutzmittel nicht unbeabsichtigt austreten können,
11. der Vorrat an Behandlungsflüssigkeit leicht erkennbar ist,
12. sie sich leicht, genügend genau und reproduzierbar einstellen lassen,
13. sie ausreichend mit genügend genau anzeigenden Betriebsmesseinrichtungen ausgestattet sind,
14. sie sich vom Arbeitsplatz sicher bedienen, kontrollieren und sofort abstellen lassen,
15. sie sich sicher, leicht und völlig entleeren lassen,
16. sie sich leicht und gründlich reinigen lassen,
17. sich Verschleißteile austauschen lassen,
18. Messgeräte zu ihrer Prüfung angeschlossen werden können.

An Pflanzenschutzgeräten sind ausreichende, leicht lesbare **Dosierhinweise** (Aufwandtabellen oder -diagramme) in dauerhafter Form anzubringen oder, sofern die Außenfläche eines Pflanzenschutzgerätes nicht ausreicht oder ungeeignet ist, in dauerhafter Form mitzuliefern. An Pflanzenschutzgeräten ist die jeweilige Typenbezeichnung oder Zugehörigkeit zum Gerätetyp anzugeben und das Baujahr zu kennzeichnen. Zerstäuber sind so zu kennzeichnen, dass Bauart, Größe und wichtige Betriebsdaten erkennbar sind.

5.6.4 Gebrauchsanleitung

Die **Gebrauchsanleitung** muss Angaben enthalten
1. über die bestimmungsgemäße Ausstattung des Pflanzenschutzgerätes,
2. für das Befüllen des Gerätes und über Vorsichtsmaßnahmen,
3. über Betriebs- und Einstellbereiche des Gerätes,
4. über die Restmenge, die das Gerät nicht mehr bestimmungsgemäß ausbringt,
5. für das Entleeren und Reinigen des Gerätes,
6. für die Überprüfung der Dosierung,
7. über die Maschenweite der Filter,
8. über Abstände, nach denen das Pflanzenschutzgerät auf Funktionstauglichkeit sowie Dosierungs- und Verteilgenauigkeit zu überprüfen ist,
9. über Einschränkungen der Verwendung bestimmter Pflanzenschutzmittel,
10. für das Umstellen auf andere Rüstzustände des Pflanzenschutzgerätes,
11. über Möglichkeiten der Verbindung mit anderen Maschinen und Geräten einschließlich Sicherheitsmaßnahmen,
12. für die Prüfung des Pflanzenschutzgerätes.

5.6.5 Pflichtkontrolle von Pflanzenschutzgeräten

Gemäß § 7 der *Pflanzenschutzmittelverordnung* müssen Verfügungsberechtigte und Besitzer ihre im Gebrauch befindlichen Pflanzenschutzgeräte für Flächen- und Raumkulturen in Zeitabständen von *4 Kalenderhalbjahren* durch amtliche oder amtlich anerkannte Kontrollstellen prüfen lassen.
Pflanzenschutzgeräte für Flächenkulturen sind mit einem horizontal ausgerichteten Spritz- oder Sprühgestänge ausgerüstet. Pflanzenschutzgeräte für Raumkulturen sind Geräte, die mit einem Spritz- oder Sprühgestänge mit Gebläseunterstützung ausgestattet sind. Sie werden im Obst-, Wein- und Hopfenbau sowie in anderen vergleichbaren Kulturen eingesetzt. Pflanzenschutzgeräte für Flächen- und Raumkulturen werden als Traktoranbau, -aufbau oder -anhängegeräte oder als selbstfahrende Geräte verwendet.

Abb. 27. Prüfplakette (Beispiel).
Diese Plakette wird auf
das geprüfte Gerät geklebt
und enthält in dem Kasten
die Anschrift des Kontrollbetriebes. Die Plakette ist
2 Jahre gültig.

Abb. 28. Schild eines
Kontrollbetriebes
(Beispiel).

Abb. 29. Diesen Prüfungsnachweis muss der
Kontrollbetrieb auf einem DIN-A4-
Schild im Betrieb anbringen (Beispiel).

Der Prüfpflicht unterliegen auch Spezialgeräte wie Bandspritz-, Unter-
blattspritz- und andere Spezialgeräte für Sonderkulturen sowie in Raumkulturen eingesetzte spezielle Spritz- und Gießgeräte im bodennahen
Bereich und Schlauchspritzanlagen mit Spritzpistole zur Ampfereinzel-
pflanzenbekämpfung.

Ausgenommen von der Prüfpflicht sind alle Pflanzenschutzgeräte, die
von einer Person getragen werden können. Dazu gehören Kleingeräte
wie z. B. Handspritzen, tragbare Kolben- und Rückenspritzen, Gießer mit
Gießrechen, Handzerstäuber.

Die **Prüfung** erstreckt sich auf Antrieb, Pumpe, Rührwerk, Spritzflüssig-
keitsbehälter, Armaturen, Leitungssystem, Filter, Spritz- und Sprühgestänge und Düsen. Dabei werden insbesondere die Anforderungen des
Abschnittes 5.6.3 überprüft.

Nach erfolgreicher Prüfung wird an dem Pflanzenschutzgerät eine **Prüfplakette** (siehe Abb. 27) deutlich sichtbar und untrennbar angebracht. Sie ist
so beschaffen, dass sie bei ihrer Entfernung zerstört wird. Die Plakette ist

2 Jahre gültig. Spätestens nach Ablauf dieser Zeit muss das Pflanzenschutzgerät wieder in einer **amtlich anerkannten Kontrollstelle** überprüft werden. Befindet sich an einem im Gebrauch befindlichen Pflanzenschutzgerät keine gültige Prüfplakette, muss die nach Landesrecht zuständige Stelle den Einsatz des Gerätes untersagen. Ein Verstoß dagegen ist bußgeldbewehrt.

Ausgenommen von der Plakettenpflicht sind Neugeräte bis zu 6 Monaten nach Ingebrauchnahme. Die dann fällige Prüfung beschränkt sich auf die Pumpe, das Leitungssystem und die Düsenarbeit.

Die Farbe der vergebenen Prüfplaketten wechselt von Jahr zu Jahr, so dass sich ungültige Plaketten schon an der Farbe erkennen lassen.

Die Messeinrichtungen der Kontrollwerkstätten werden regelmäßig überprüft, um eine einwandfreie Gerätekontrolle zu gewährleisten.

5.6.6 Sachgerechter Einsatz der Pflanzenschutzgeräte

Allgemeines

▶ Beim Befüllen des Gerätes Vorgang stets beaufsichtigen. Keine direkte Verbindung zwischen Füllschlauch und Behälterinhalt herstellen, damit ein Rücksog verhindert wird. Überlaufen des Behälters und Verunreinigungen von öffentlichen Gewässern, Regen- und Schmutzkanal vermeiden.

▶ Keine Behandlung bei Temperaturen über +25 °C vornehmen, weil auftretende Thermik unkontrollierte Wirkstoffverwehungen über große Entfernungen zur Folge haben kann. Die Arbeiten in die Morgen- und Abendstunden verlegen (geringere Abdriftgefahr).

▶ Die Ausbringmenge der Geräte vor Saisonbeginn und z. B. bei Düsenwechsel genau auslitern bzw. auswiegen. Die Fahrgeschwindigkeit auf der Behandlungsfläche in dem vorgesehenen Fahrgang ermitteln. Sonstige Pflanzenschutzgeräte entsprechend vorbereiten.

▶ Der Geräteeinsatz hat so zu erfolgen, dass alle Pflanzenschutzmittel – sofern auf Grund der Gebrauchsanleitung keine andere Verteilung vorgeschrieben wird – gleichmäßig auf der Behandlungsfläche verteilt und angelagert werden. Unvertretbare Umweltbelastungen durch Abdrift, Verdampfung u. a. sind zu vermeiden.

▶ Den notwendigen Bedarf an Pflanzenschutzmitteln genau errechnen; nur auf die Größe der Anwendungsfläche abgestimmte Menge an Behandlungsflüssigkeiten ansetzen. Bei schwierigen Flächenberechnungen Brühemenge unterbemessen, um gegebenenfalls eine kleine Fläche, auf der mit keinem oder geringem Befall zu rechnen ist, aussparen zu können (Vermeiden von Restmengen).

▶ Den Wasseraufwand entsprechend der Gebrauchsanleitung des Präparates wählen und den Betriebsdruck so niedrig wie möglich halten.

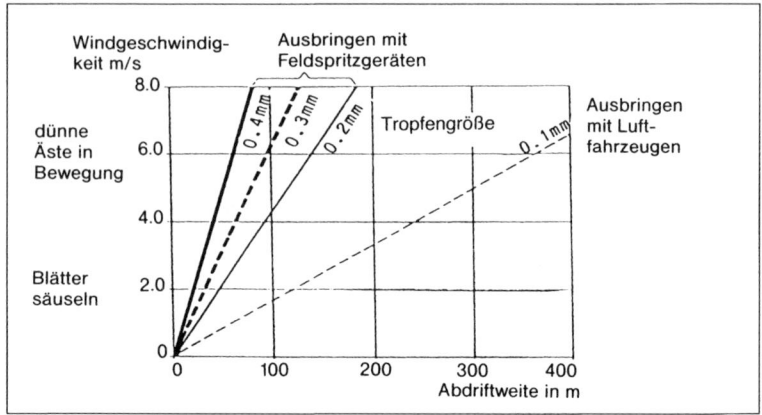

Abb. 30. Abdriftweiten von Flüssigkeitstropfen verschiedener Größe in Abhängigkeit von der Windgeschwindigkeit.

▶ Zu gefährdeten Objekten, wie insbesondere bebauten Gebieten, Gärten, Sport- und Freizeitstätten, Gewässern, Naturschutzgebieten, Wiesen und Weiden sowie Feldrainen, einen den Windverhältnissen (Richtung und Geschwindigkeit) angepassten, ausreichenden Sicherheitsabstand einhalten bzw. verlustmindernde Technik einsetzen, die Fahrgeschwindigkeit und den Betriebsdruck reduzieren.
Die in der Gebrauchsanleitung aufgeführten Anwendungsbestimmungen einhalten.

▶ Abdrift auf benachbarte Flächen vermeiden. Die erste Spritzbahn sollte grundsätzlich mit reduziertem Druck und verminderter Geschwindigkeit gefahren werden.

▶ Geräte regelmäßig warten und pflegen. Spritz- und Sprühgeräte regelmäßig kontrollieren lassen.

Feldspritzgeräte

▶ Wahl verlustmindernder Düsen und sachgerechte Abstimmung von Betriebsdruck und Fahrgeschwindigkeit unter Berücksichtigung der Witterungsbedingungen.

▶ Auf bestimmungsgemäßen Einsatz von geeigneten Düsen oder anderen Zerstäubern, bei denen die Arbeitsgenauigkeit gewährleistet ist, achten (BBA-anerkannte Düsen). Am weitesten verbreitet sind Injektordüsen mit 110–120° Spritzwinkel; der Druck ist auf die eingesetzten Düsen abzustimmen. Luftunterstützte Injektordüsen vermindern die Abdrift erheblich.

- ► Bei durchschnittlichen Windgeschwindigkeiten über 5 m/s (Blätter und dünne Zweige bewegen sich) Behandlungen unterlassen. Bei 3 m/s Windgeschwindigkeit zusätzliche Maßnahmen zur Abdriftvermeidung ergreifen, z. B. großtropfiger zerstäuben, langsamer fahren, Windrichtung beachten.
- ► Fahrgeschwindigkeit nicht größer als 8 km/h wählen.
- ► Genaues Anschlussfahren gewährleisten, z. B. durch Fahrgassen.

Sprühgeräte

- ► Verlustmindernde Düsen und Abdeckbleche verwenden.
- ► Bestimmungsgemäße und sachgerechte Abstimmung von Düsengröße, Düsenstellung, Betriebsdruck, Fahrgeschwindigkeit, Gebläseleistung, Luftaustrittsgeschwindigkeit und -richtung auf die zu behandelnde Kultur, deren Belaubung, Entwicklungsstadium und Standraumanordnung unter Berücksichtigung der Witterungsbedingungen.
- ► Bei durchschnittlicher Windgeschwindigkeit über 3 m/s (Blätter säuseln) Behandlung unterlassen.

Beizgeräte

- ► Grundsätzlich nur sorgfältig gereinigtes und entstaubtes Saatgut beizen.
- ► Die Dosierung entsprechend der Gebrauchsanleitung des Präparates einstellen und mit Hilfe von Abdrehproben exakt auf den Getreidestrom abstimmen.
- ► Die Getreidedurchsatzleistung des Beizgerätes im Interesse einer guten Beizmittelverteilung des Präparates anpassen und nach Möglichkeit unter der Nennleistung einstellen.
- ► Beizgeräte nur mit funktionsfähiger Absaugeinrichtung einsetzen, damit Beizmittelstäube oder -dämpfe nicht in die Raumluft gelangen.
- ► Beizen und Absacken von gebeiztem Saatgut in jedem Fall nur mit Schutzkleidung und Atemschutz entsprechend der Gebrauchsanleitung des Präparates vornehmen.

Granulatstreuer

- ► Exakte Einstellung der in der Gebrauchsanleitung des Präparates vorgeschriebenen Aufwandmenge mit Hilfe von Abdrehproben entsprechend der Gebrauchsanleitung des Granulatstreugerätes sicherstellen.
- ► Beim Einfüllen von Granulat in den Gerätebehälter auf keinen Fall Körner verschütten und in jedem Fall Gebrauchsanleitung des Präparates beachten.
- ► Das Auslaufrohr des Granulatstreugerätes unbedingt so anordnen,

dass Mittel, die einer Einarbeitung bedürfen, in jedem Fall in den Boden eingebracht und abgedeckt werden und nicht oberflächlich liegen bleiben. Dies gilt auch für das Einsetzen und Ausheben des Geräts an den Feldenden.

Nebelgeräte

▶ Nebelgeräte entsprechend der Gebrauchsanleitung von Gerät und zugelassenem Präparat nur in geschlossenen Räumen einsetzen.
▶ Behandelte Räume deutlich kennzeichnen und solange unter Verschluss halten, wie es die Gebrauchsanleitung des Präparates vorschreibt.
▶ Lüften der Räume vor dem Wiederbetreten.

Kleingeräte

Sie werden vorrangig im Haus- und Kleingartenbereich eingesetzt.
Die für diesen Bereich zugelassenen Pflanzenschutzmittel haben meist auch entsprechende Dosierhilfen zur Einstellung der richtigen Konzentration der Spritzbrühe.

Sonstige Pflanzenschutzgeräte

▶ Bei Verwendung von Legeflinte, Ködergerät, Polytanette ist auf den Schutz der frei lebenden Tiere besonders zu achten (sorgfältiges Einbringen des Mittels in den Boden).

5.6.7 Sachgerechtes Warten und Pflegen von Pflanzenschutzgeräten

Laufende Wartung

Vor Beginn einer jeden Spritzsaison sollte in einer Landmaschinen-Fachwerkstatt ein gründlicher Gerätecheck mit Hilfe z.B. der Quantitest-, Manotest- und Dositestgeräte durchgeführt werden.
Zur sachgerechten Wartung gehören ferner:
▶ Überprüfen der Unfallschutzeinrichtungen;
▶ Kontrolle des Vordruckes im Druckausgleichsbehälter;
▶ Überprüfen des Ölstandes und der Keilriemen- bzw. Kettenspannung;
▶ Kontrolle der Schlauchleitungen und deren Verschraubungen;
▶ Abschmieren der vorhandenen Schmierstellen;
▶ Reinigen aller Filtereinsätze und Kontrolle auf Beschädigungen;
▶ Säuberung verunreinigter Düsenmundstücke mit weicher Bürste;
▶ Kontrolle auf Leckwasserbildung bei der Pumpe;

▶ Überprüfen aller Membranen und rechtzeitiges Erneuern; bei bestimmten Pumpen sollte dies vorsorglich alle 2 Jahre erfolgen;

▶ Reinigung der gesamten Spritzanlage nach jedem Einsatz noch auf dem Feld mit Frischwasser aus Zusatzbehälter (diese Maßnahme stellt einen wichtigen Schritt zur Entsorgung von Restmengen dar! Siehe Abschnitt »Schutz des Naturhaushaltes«);

▶ beim Durchspülen Schaltventile öfter betätigen;

▶ Zwischenreinigung von Pumpe, Schläuchen und Düsen, falls Spritzmaßnahme unvorhergesehen längere Zeit unterbrochen werden muss (z. B. bei schlechter Witterung);

▶ laufende Überprüfung des Volumenaufwandes l/ha mit z. B. Dosierbecher;

▶ Beachten aller darüber hinausgehenden speziellen Empfehlungen der Bedienungsanleitung zur Wartung und Pflege eines Gerätes.

Einwinterung

▶ Gründliches Reinigen außen und innen nach dem letzten Einsatz mit viel Wasser und eventuell unter Zusatz von Reinigungsmitteln. **Das Waschwasser darf nicht in die Kanalisation gelangen;**

▶ sorgfältiges Durchspülen und restloses Entfernen des Spülwassers aus allen Geräteteilen;

▶ alle Schläuche lösen und Pumpe nochmals mehrere Sekunden laufen lassen;

▶ Filtereinsätze ausbauen und nachreinigen;

▶ Düsenmundstücke herausnehmen und mit weicher Bürste säubern;

▶ Manometer, Pumpe, Filter und Armaturen ausbauen und frostfrei lagern;

▶ Pumpen- und Getriebeöl nach Vorschrift wechseln;

▶ bei Rotationspumpen Korrosionsschutzöl einfüllen;

▶ Frostschutz ist möglich, wenn 3 l einer 1:1-Mischung aus Frostschutzmittel und Wasser in den Behälter eingefüllt werden und das Gerät nochmals in Betrieb genommen wird, bis die Frostschutzlösung bei den Düsen austritt.

6 Praktische Einstellung von Pflanzenschutzgeräten

6.1 Kontrolle der Ausbringmenge

Wie alle Geräte unterliegen auch Pflanzenschutzgeräte dem Verschleiß. Deshalb ist ihre sachgerechte Pflege und Wartung nach Maßgabe der Gebrauchsanleitung unbedingt erforderlich.

Wenngleich Pflanzenschutzgeräte für Flächen- und Raumkulturen alle 2 Jahre einer Pflichtkontrolle in einer amtlich anerkannten Kontrollwerkstatt unterzogen werden müssen, sollten sie zusätzlich nach oder vor jeder Spritzsaison gründlich gewartet werden, um eine ordnungsgemäße Funktion sicher zu stellen.

Selbst das bestausgerüstete Gerät kann seine Aufgaben nicht erfüllen, wenn es nicht richtig eingestellt und gewartet wird.

Schon geringe Abweichungen von der richtigen Einstellung können
– Kulturpflanzen schädigen oder vernichten,
– ungenügende Wirkung auf Krankheiten, Schädlinge und Unkräuter haben,
– die Umwelt unnötig belasten und
– u. U. erhebliche Mehrkosten verursachen.

Folgende Daten sind von Bedeutung für die Einstellung eines Pflanzenschutzgerätes:

▶ Düsenzahl
▶ Düsengröße   beeinflussen die Ausbringmenge
▶ Druck   je Zeiteinheit (l/min)

▶ Fahrgeschwindigkeit   beeinflussen die Ausbringmenge
▶ Arbeitsbreite   je Flächeneinheit (l/ha)

▶ Düsenrichtung
▶ Strahlwinkel
▶ Düsenabstand von   beeinflussen die Verteilungsgüte
  der Behandlungsfläche

6.2 Ermittlung des Wasserbedarfes (Aufwand-volumen l/ha) bei Spritz- und Sprühgeräten

Verfahren 1: Ermittlung durch Überfahren einer Messstrecke

▶ Prüfen, ob alle Düsen einwandfrei arbeiten;
▶ empfohlenen Druck einstellen,
▶ Düsen schließen und Wasser bis zu einer bestimmten Marke am Behälter (am besten randvoll) auffüllen;
▶ Standort des Gerätes genau kennzeichnen;
▶ Messstrecke gleichmäßig schnell und mit fliegendem Start überfahren;
▶ Gerät nur zwischen den Messmarken (100 m Prüfstrecke) einschalten;
▶ verbrauchte Wassermenge genau ermitteln (Auslitern).

$$\frac{\text{Wasserverbrauch auf Messstrecke in Liter} \times 10\,000}{\text{Arbeitsbreite in m} \times \text{Länge der Messstrecke in m}} = \text{Wasserbedarf l/ha}$$

Beispiel **Feldspritze:**
$$\frac{40\,l \text{ (verbrauchte Wassermenge)} \times 10\,000}{10\,m \text{ (Arbeitsbreite)} \times 100\,m \text{ (Prüfstrecke)}} = 400\,l/ha$$

Beispiel **Sprühgerät:**
$$\frac{70\,l \text{ (verbrauchte Wassermenge)} \times 10\,000}{3,5\,m \text{ (Arbeitsbreite)} \times 200\,m \text{ (Prüfstrecke)}} = 1000\,l/ha$$

Beispiel **Rückenspritze:**
$$\frac{8\,l \text{ (verbrauchte Wassermenge)} \times 10\,000}{2\,m \text{ (Arbeitsbreite)} \times 100\,m \text{ (Prüfstrecke)}} = 400\,l/ha$$

Beispiel **Bandspritzgeräte:**
bei 6 Düsen und 25 cm Bandbreite (= 1,5 m Spritzbreite):
$$\frac{4,5\,l \text{ (verbrauchte Wassermenge)} \times 10\,000}{1,5\,m \text{ (Spritzbreite)} \times 200\,m \text{ (Prüfstrecke)}} = 150\,l/ha$$

Verfahren 2: Ermittlung im Stand über den Einzeldüsenausstoß

Voraussetzung: Kenntnis der genauen Fahrgeschwindigkeit.
▶ Prüfen, ob alle Düsen einwandfrei arbeiten;
▶ Spritzdruck für das gewünschte Aufwandvolumen (l/ha) einstellen;
▶ Ausbringvolumen z. B. mit Stoppuhr, Dosierzylinder, Messbecher bei mehreren Düsen ermitteln und den durchschnittlichen Einzeldüsenausstoß in l/min errechnen.

$$\frac{\text{Einzeldüsenausstoß in l/min} \times \text{Zahl der Düsen} \times 600}{\text{Arbeitsbreite in m} \times \text{Fahrgeschwindigkeit in km/h}} = \text{Wasserbedarf l/ha}$$

Beispiel **Feldspritze:**

$$\frac{2\,\text{l/min (Düsenausstoß)} \times 20\,\text{(Düsenzahl)} \times 600}{10\,\text{m (Arbeitsbreite)} \times 6\,\text{km/h (Fahrgeschwindigkeit)}} = 400\,\text{l/ha}$$

Beispiel **Sprühgerät:**

$$\frac{4\,\text{l/min (Düsenausstoß)} \times 10\,\text{(Düsenzahl)} \times 600}{4\,\text{m (Arbeitsbreite)} \times 6\,\text{km/h (Fahrgeschwindigkeit)}} = 1000\,\text{l/ha}$$

Beispiel **Rückenspritze:**

$$\frac{2\,\text{l/min (Düsenausstoß)} \times 4\,\text{(Düsenzahl)} \times 600}{2\,\text{m (Arbeitsbreite)} \times 4\,\text{km/h (Laufgeschwindigkeit)}} = 600\,\text{l/ha}$$

Beispiel **Bandspritzgeräte:**

$$\frac{0,3\,\text{l/min (Düsenausstoß)} \times 6\,\text{(Düsenzahl)} \times 600}{1,5\,\text{m (Spritzbreite)} \times 5\,\text{km/h (Fahrgeschwindigkeit)}} = 144\,\text{l/ha}$$

Verfahren 3: Ermittlung im Stand über den Gesamtdüsenausstoß

Voraussetzung: Kenntnis der genauen Fahrgeschwindigkeit.

▶ Prüfen, ob alle Düsen einwandfrei arbeiten;
▶ Spritzdruck für das gewünschte Aufwandvolumen (l/ha) einstellen;
▶ Düsen schließen und Wasser bis zu einer bestimmten Marke am Brühebehälter (am besten randvoll) auffüllen;
▶ Gerät einschalten und im Stand mit vorgegebenem Druck mindestens 2 Minuten arbeiten lassen;
▶ verbrauchte Wassermenge genau ermitteln.

$$\frac{\text{Wasserausstoß in (l/min)} \times 600}{\text{Arbeitsbreite in m} \times \text{Fahrgeschwindigkeit in km/h}} = \text{Wasserbedarf l/ha}$$

Beispiel **Feldspritze:**

$$\frac{40\,\text{l/min (Gesamtausstoß)} \times 600}{10\,\text{m (Arbeitsbreite)} \times 6\,\text{km/h (Fahrgeschwindigkeit)}} = 400\,\text{l/ha}$$

Beispiel **Sprühgerät:**

$$\frac{70\,\text{l/min (Gesamtausstoß)} \times 600}{3,5\,\text{m (Arbeitsbreite)} \times 6\,\text{km/h (Fahrgeschwindigkeit)}} = 2000\,\text{l/ha}$$

Beispiel **Rückenspritze:**

$$\frac{8 \, l/min \, (Gesamtausstoß) \times 600}{2 \, m \, (Arbeitsbreite) \times 4 \, km/h \, (Laufgeschwindigkeit)} = 600 \, l/ha$$

Beispiel **Bandspritzgeräte:**

$$\frac{2 \, l/min \, (Gesamtausstoß) \times 600}{1,5 \, m \, (Spritzbreite) \times 5 \, km/h \, (Fahrgeschwindigkeit)} = 160 \, l/ha$$

Hinweise zu Messverfahren 3:
Zur Ermittlung des Gesamt-Düsenausstoßes in l/min können selbstverständlich auch Durchfluss-Messgeräte wie z. B. Quantitest, Quantocheck oder ähnliche Verwendung finden.
Über derartige Messeinrichtungen für die Pflanzenschutz-Gerätekontrolle verfügen beispielsweise zahlreiche Landmaschinen-Fachbetriebe.

6.3 Ermittlung der Fahrgeschwindigkeit

▶ 100 m Messstrecke genau abmessen;
▶ am Traktormeter ablesen, welcher Gang bei etwa 540 Umdrehungen pro Minute Zapfwellendrehzahl für eine Fahrgeschwindigkeit von 5–7 km/h in Frage kommt;
▶ Prüfstrecke mit fliegendem Start und eingeschaltetem Gerät überfahren;
▶ Fahrzeit je Prüfstrecke in Sekunden ermitteln.

$$\frac{\text{Länge der Messstrecke in m} \times 3,6}{\text{Fahrzeit in Sekunden}} = \text{Fahrgeschwindigkeit in km/h}$$

Beispiel:

$$\frac{100 \, m \, (Messstrecke) \times 3,6}{60 \, Sekunden \, (Fahrzeit)} = 6,0 \, km/h$$

Besondere *Hinweise:*
Besteht die Gefahr größeren Schlupfes beim späteren Feldeinsatz, ist die Fahrzeit unter den echten Praxisbedingungen (also nicht auf der Straße) zu ermitteln. Beim Einsatz von Feldspritzen mit stärkeren Traktoren und Pumpen mit hohem Volumenstrom (l/min) kann u. U. die Motordrehzahl verringert werden.

6.4 Ermittlung der Aufwandmengen (g/m bzw. kg/ha) eines Reihenstreugerätes

Verfahren 1: Ermittlung durch Überfahren einer Messstrecke

▶ Alle Behälter halbhoch befüllen und prüfen, ob alle Streuorgane einwandfrei arbeiten (dabei das auslaufende Granulat auffangen);

▶ aus der Streutabelle den für das betreffende Granulat, die gewünschte Ausbringmenge und die voraussichtliche Fahrgeschwindigkeit erforderlichen Dosierwert ablesen und einstellen;

▶ an allen Streuorganen z.B. Kunststoffbeutel befestigen und Messstrecke von 100 m mit fliegendem Start überfahren;

▶ Gerät jeweils nur zwischen den Messpunkten einschalten;

Alle aufgefangenen Mengen exakt wiegen und das Durchschnittsgewicht in g für eine Reihe errechnen.

$$\frac{\text{ausgebrachte Granulatmenge je Messstrecke in g}}{\text{Länge der Messstrecke in m}} = \text{Aufwandmenge g/m}$$

Beispiel:

$$\frac{150\,\text{g (ausgebrachte Menge je Reihe)}}{100\,\text{m (Länge des Messstrecke)}} = 1,5\,\text{g/m}$$

Der Gesamt-Granulataufwand kg/ha kann aus folgender Formel errechnet werden:

$$\frac{\text{ausgebrachte Menge je Messstrecke und je Reihe in g} \times 1000}{\text{Länge der Mess-strecke in m} \times \text{Reihenent-fernung in cm}} = \text{Aufwandmenge kg/ha}$$

Beispiel:

$$\frac{150\,\text{g (ausgebrachte Menge je Reihe)} \times 1000}{100\,\text{m (Länge des Messstrecke)} \times 50\,\text{cm (Reihenentfernung)}} = 30\,\text{kg/ha}$$

Verfahren 2: Ermittlung im Stand

Voraussetzung: Kenntnis der genauen Fahrgeschwindigkeit.

▶ Alle Behälter halbvoll befüllen und prüfen, ob alle Streuorgane einwandfrei arbeiten (dabei das auslaufende Granulat auffangen);

▶ aus der Streutabelle den erforderlichen Dosierwert entnehmen und einstellen;

▶ an allen Streuorganen Kunststoffbeutel oder ähnliches befestigen und Gerät im Stand 1–2 Minuten mit eingestellter Drehzahl in Betrieb setzen;

▶ aufgefangene Granulatmengen wiegen und durchschnittliche Ausbringmenge g/min je Reihe errechnen.

$$\frac{\text{aufgefangene Granulatmenge (g/min) je Reihe} \times 6}{\text{Fahrgeschwindigkeit in km/h} \times 100} = \text{Granulataufwand g/m}$$

Beispiel:
$$\frac{150\,\text{g/min (ausgebrachte Menge je Reihe)} \times 6}{6\,\text{km/h} \times 100} = 1,5\,\text{g/m}$$

Der Gesamt-Granulatbedarf kg/ha kann mit folgender Formel errechnet werden:

$$\frac{\text{aufgefangene Granulatmenge (g/min) je Reihe} \times 60}{\text{Fahrgeschwindigkeit in km/h} \times \text{Reihenentfernung in cm}} = \text{Granulatbedarf kg/ha}$$

Beispiel:
$$\frac{150\,\text{g/min (ausgebrachte Menge je Reihe)} \times 60}{6\,\text{km/h} \times 50\,\text{cm (Reihenentfernung)}} = 30\,\text{kg/ha}$$

Hinweis zu Verfahren 1 und 2:
Das Errechnen der Aufwandmenge g/m bzw. kg/ha mit Hilfe der Formeln erübrigt sich, wenn geeignete Tabellen zum Ablesen der Werte zur Verfügung stehen.

6.5 Ermittlung der Einfüll- bzw. Nachfüllmengen bei Pflanzenschutzgeräten

Beispiel 1:
Gegeben sind:

Behälter-Nennvolumen	800 l
Restmenge im Behälter	0 l
Wasseraufwand je ha	300 l
Präparatbedarf je ha	
Mittel A	1,5 kg
Mittel B	1,0 l

113

Frage:	Wie viel l Wasser, wie viel kg vom Mittel A und wie viel l vom Mittel B sind für 2,5 ha Spritzfläche einzufüllen?
Antwort:	Wasser: 300 l/ha × 2,5 ha = 750 l
	Mittel A: 1,5 kg/ha × 2,5 ha = 3,75 kg
	Mittel B: 1,0 l/ha × 2,5 ha = 2,50 l/ha

Beispiel 2:

Gegeben sind: Behälter-Nennvolumen	800 l
Behälter-Gesamtvolumen	850 l
Restmenge im Behälter	50 l
Brüheaufwand je ha	500 l
empfohlene Konzentration	0,15 %

Frage 1:	Wie viel l bzw. kg Präparat müssen für eine neue Behälterfüllung zugeteilt werden?
Frage 2:	Für wie viel ha reicht eine neue Fassfüllung, wenn der Behälter bis auf eine Restmenge von 20 l leergespritzt werden kann?

Berechnungsformel und Antwort zu 1:

$$\frac{\text{Wassernachfüllmenge l} \times \text{Konzentration \%}}{100}$$

$$\frac{800\ \text{l} \times 0,15\ \%}{100} = 1,2\ \text{kg}$$

Berechnungsformel und Antwort zu 2:

$$\frac{\text{verfügbare Brühemenge l} - \text{Restmenge l}}{\text{Brüheaufwand l/ha}}$$

$$\frac{850\ \text{l (Gesamtvolumen)} - 20\ \text{l (Restmenge)}}{500\ \text{l/ha (Brüheaufwand)}} = 1,66\ \text{ha}$$

Überprüfen Sie Ihr Wissen mit den Fragen 901–982.

---

7 Fundstellen wichtiger Rechtsgrundlagen zum Pflanzenschutz

Neben dem Gesetz zum Schutz der Kulturpflanzen *(Pflanzenschutz-Gesetz)* berührt den Pflanzenschutz eine ganze Reihe von weiteren Gesetzen und *Verordnungen.* Der besseren Übersicht wegen erfolgt eine Zuordnung dieser Rechtsvorschriften zu den einzelnen Bereichen des Pflanzenschutzes.

7.1 Persönliche Anforderungen für Anwender und Verkäufer von Pflanzenschutzmitteln

▶ *Gesetz zum Schutz der Kulturpflanzen* (Pflanzenschutz-Gesetz) vom 14.5.1998 (BGBl. I, Seite 971) in der Fassung vom 22.6.2006 (BGBl. I, Seite 1342).
▶ *Pflanzenschutz-Sachkunde-Verordnung* vom 28.7.1987 (BGBl. I, Seite 1752) in der Fassung vom 7.5.2001 (BGBl. I, Seite 885).
▶ *Chemikalien-Verbotsverordnung* vom 13.6.2003 (BGBl. I, Seite 867), in der Fassung vom 6.3.2007 (BGBl. I, Seite 261).

7.2 Aufbewahrung, Lagerung und Transport von Pflanzenschutzmitteln

▶ Gesetz zum Schutz vor gefährlichen Stoffen (Chemikaliengesetz) vom 20.6.2002 (BGBl. I, Seite 2090) in der Fassung vom 31.10.2006 (BGBl. I, Seite 2407).
▶ Verordnung über gefährliche Stoffe *(Gefahrstoff-Verordnung)* vom 23.12.2004 (BGBl. I, Seite 3759) in der Fassung vom 6.3.2007 (BGBl. I, Seite 261).
▶ *Gefahrgut-Verordnung Straße und Eisenbahn* vom 24.11.2006 (BGBl. I, Seite 2683).

7.3 Verwendung geeigneter und einwandfrei arbeitender Pflanzenschutzgeräte

▶ Gesetz zum Schutz der Kulturpflanzen *(Pflanzenschutz-Gesetz)* vom 14.5.1998 (BGBl. I, Seite 971) in der Fassung vom 22.6.2006 (BGBl. I, Seite 1342).

▶ Verordnung über Pflanzenschutzmittel und Pflanzenschutzgeräte *(Pflanzenschutzmittel-Verordnung)* vom 9.3.2005 (BGBl. I, Seite 734 in der Fassung vom 12.3.2007 (BGBl. I, Seite 319).

▶ Verordnung über die Durchführung von Kontrollen an Pflanzenschutzgeräten vom 5.4.1993 (GVBl., Seite 233).

7.4 Anwender-, Verbraucher- und Umweltschutz

7.4.1 Allgemeine Regelungen

▶ Gesetz zum Schutz der Kulturpflanzen (Pflanzenschutz-Gesetz) vom 14.5.1998 (BGBl. I, Seite 971) in der Fassung vom 22.6.2006 (BGBl. I, Seite 1342).

▶ Verordnung über Anwendungsverbote für Pflanzenschutzmittel (Pflanzenschutz-Anwendungs-Verordnung) vom 10.11.1992 (BGBl. I, Seite 1887) in der Fassung vom 23.7.2003 (BGBl. I, Seite 1533).

7.4.2 Schutz des Anwenders

▶ Verordnung über gefährliche Stoffe (Gefahrstoff-Verordnung) vom 23.12.2004 (BGBl. I, Seite 3758) in der Fassung vom 6.3.2007 (BGBl. I, Seite 261).

7.4.3 Schutz des Verbrauchers

▶ Lebensmittel-, Bedarfsgegenstände- und Futtermittelgesetzbuch (Lebensmittel- und Futtermittelgesetzbuch) vom 26.4.2006 (BGBl. I, Seite 945).

▶ Verordnung über Höchstmengen an Pflanzenschutz- und sonstigen Mitteln sowie anderen Schädlingsbekämpfungsmitteln in oder auf Lebensmitteln und Tabakerzeugnissen (Rückstands-Höchstmengen-Verordnung) vom 21.10.1999 (BGBl. I, Seite 2082) in der Fassung vom 21.9.2006 (BGBl. I, Seite 2154).

7.4.4 Schutz des Wassers

▶ Gesetz zum Schutz der Kulturpflanzen (Pflanzenschutz-Gesetz) vom 14.5.1998 (BGBl. I, Seite 971) in der Fassung vom 22.6.2006 (BGBl. I, Seite 1342).

▶ Gesetz zur Ordnung des Wasserhaushalts (Wasserhaushalts-Gesetz vom 19.8.2002 (BGBl. I, Seite 3245) in der Fassung vom 25.6.2005 (BGBl. I, Seite 1746).

▶ Bayerisches Wassergesetz vom 19.7.1994 (GVBl. Seite 822) in der Fassung vom 8.12.2006 (GVBl., Seite 1004).

▶ Verordnung über die Qualität von Wasser für den menschlichen Gebrauch (Trinkwasser-Verordnung) vom 21.5.2001 (BGBl. I, Seite 959) in der Fassung vom 31.10.2006 (BGBl. I, Seite 2407).

▶ Verordnung über Anwendungsverbote für Pflanzenschutzmittel (Pflanzenschutz-Anwendungs-Verordnung) vom 10.11.1992 (BGBl. I, Seite 1887) in der Fassung vom 23.7.2003 (BGBl. I, Seite 1533).

7.4.5 Schutz der Bienen

▶ Verordnung über Anwendung bienengefährlicher Pflanzenschutzmittel (Bienenschutz-Verordnung) vom 27.7.1992 (BGBl. I, Seite 1410) in der Fassung vom 6.8.2002 (BGBl. I, Seite 3082).

7.4.6 Artenschutz

▶ Gesetz über Naturschutz und Landschaftspflege (Bundes-Naturschutz-Gesetz) vom 25.3.2002 (BGBl. I, Seite 1193) in der Fassung vom 9.12.2006 (BGBl. I, Seite 2833).

▶ Gesetz über den Schutz der Natur, die Pflege der Landschaft und die Erholung in der freien Natur (Bayerisches Naturschutz-Gesetz) vom 23.12.2005 (GVBl. 2006, Seite 2).

▶ Verordnung zum Schutz wild lebender Tier- und Pflanzenarten (Bundes-Artenschutz-Verordnung vom 16.2.2005, (BGBl. I, Seite 258).

▶ Tierschutz-Gesetz in der Fassung vom 18.5.2006 (BGBl. I, Seite 1313), in der Fassung vom 21.12.2006 (BGBl. I, Seite 3294).

7.5 Beseitigung von Pflanzenschutzmittelresten und -behältnissen

▶ Gesetz zur Förderung der Kreislaufwirtschaft und zur Sicherung der umweltverträglichen Beseitigung von Abfällen (Kreislaufwirtschafts- und Abfallgesetz) vom 27.9.1994 (BGBl. I, Seite 2705) in der Fassung vom 9.12.2006 (BGBl. I, Seite 2819).

8 Erklärung wichtiger Fachausdrücke im Pflanzenschutz

Abiotische Schadsymptome: Schadsymptome, verursacht durch unbelebte Umwelt z. B. Klima, Witterung, Boden, Transportmittel.

Abdrift: Unerwünschtes Verwehen von Behandlungsflüssigkeit bei der Applikation.

ADI-Wert (von engl. acceptable daily intake = annehmbare tägliche Aufnahme): Tägliche Höchstdosis eines Pflanzenschutzmittel-Rückstandes (mg/kg Körpergewicht), die bei lebenslanger Aufnahme ohne Einfluss auf die Gesundheit bleibt. Der ADI-Wert ist rund $1/_{100}$ des → no-effect-levels.

Akarizid: Mittel gegen Milben (z. B. Spinnmilben).

Akkumulierung: Anhäufung, Anreicherung z. B. eines Herbizides im Boden, wenn mehrere Applikationen so rasch aufeinander folgen, dass in der Zwischenzeit kein vollständiger Abbau erfolgen kann.

Akute Wirkung: Schnell ein-(auf-)tretend, in der Pflanzenschutz-Toxikologie: Giftigkeit. Wirkung eines Mittels nach einmaliger Aufnahme.

Anfälligkeit: Unfähigkeit der Pflanze, dem Angriff eines Erregers oder eines Schadverursachers zu widerstehen; steht im umgekehrten Verhältnis zur Resistenz.

Antagonismus: Gegenwirkung z. B. zweier Substanzen oder Organismen.

Antibiotika: Vor allem von Bakterien und Pilzen gebildete Stoffe, die Mikroorganismen abtöten oder ihr Wachstum hemmen.

Antidot: Gegenmittel bei Vergiftungen.

Antikoagulantien: Stoffe, die die Blutgerinnung hemmen.

Applikation: Anwendung eines Pflanzenschutzmittels.

Arthropoden: Gliederfüßler, artenreicher Stamm der Gliedertiere (unter den Schädlingen vor allem Insekten und Milben).

Atemgift: Mittel, das über die Atmungsorgane in den Körper gelangt und von dort aus seine Wirkung entfaltet.

Attractant: Lockstoff; Substanz, die geeignet ist, Schädlinge anzulocken. Zur Herstellung von Ködermitteln verwendet.

Auflaufen: Landwirtschaft: Keimen der Nutzpflanzen, z. B. bei Getreide, wenn die jungen Pflanzen mit ihren ersten Blättern sichtbar werden.

Aufwandmenge: Die zur Bekämpfung von Schädlingen oder Pflanzenkrankheiten notwendige Menge eines Mittels in der erforderlichen Konzentration, z. B. pro Raumeinheit (Gewächshaus), Fläche, Bodenmenge.

Bakterizid: Mittel, das Bakterien tötet.

Basal: Unten gelegen (z. B. am Halmgrund).

Bazillen: Aerobe, stäbchenförmige und Sporen bildende Bakterien.

BBA: **B**iologische **B**undes**a**nstalt für Land- und Forstwirtschaft, Braunschweig (Bundes-Oberbehörde für den Pflanzenschutz im Geschäftsbereich des Bundesministeriums für Ernährung, Landwirtschaft und Verbraucherschutz [BMELV]).

Beizen: Aufbringen von Pflanzenschutzmitteln, vor allem Fungiziden, in fester oder flüssiger Form auf Saatgut.

BfR: **B**undesinstitut **f**ür **R**isikobewertung, Berlin.

Bienenschutz-Verordnung: Im Rahmen des Pflanzenschutz-Gesetzes erlassene Verordnung für die Anwendung, Handhabung und Aufbewahrung bienengefährlicher Pflanzenschutzmittel, die nicht an blühenden Pflanzen angewendet werden dürfen.

Biologische Schädlingsbekämpfung: Bekämpfung von Schädlingen durch Einsatz ihrer natürlichen Feinde (Nützlinge, Krankheitserreger) oder Aussetzen unfruchtbar gemachter Männchen.

Bioregulatoren: Natürliche Gegenspieler von Schadorganismen (sind wesentlich an der Begrenzung deren Massenvermehrung beteiligt).

Biosphäre: Der von Lebewesen besiedelte Raum der Erdkugel, der die oberste Schicht der Erdkruste (einschließlich des Wassers) und die unterste Schicht der Atmosphäre umfasst.

Biotop: Lebensraum oder Standort von Tieren und Pflanzen, z. B. Trockenhang, Seeufer, Almwiese. Beherbergt eine bestimmte Lebensgemeinschaft oder Biozönose.

Biozid (= »Lebenstöter«): Bezeichnung für lebenstötende Substanz im weitesten Sinn (nicht identisch mit Pestiziden bzw. Pflanzenschutzmitteln).

Biozönose: Die Gesamtheit der Pflanzen und Tiere, die in vielfältigen Wechselbeziehungen untereinander in einem einheitlichen Lebensraum leben.

Blattherbizid: Unkrautbekämpfungsmittel, das bei Aufnahme durch die Blätter wirkt.

Bodenapplikation: Applikation eines Mittels in oder auf den Boden.

Bodenentseuchung: Bekämpfung von Schädlingen im Boden durch Wasserdampf, Hitze oder Chemikalien.

Bodenbürtig: Im Boden vorhanden.

Bodenherbizid: Unkrautbekämpfungsmittel, das über den Boden wirkt, vornehmlich über die Wurzel.

Brandkrankheiten: Eine Gruppe von Pilzkrankheiten auf verschiedenen Kulturpflanzen (z. B. Beulenbrand auf Mais), bei denen als gemeinsames Merkmal ein schwärzliches Sporenpulver auftritt.

BVL: **B**undesamt für **V**erbraucherschutz und **L**ebensmittelsicherheit. Zulassungsstelle für Pflanzenschutzmittel.

Chemischer Pflanzenschutz: Schutz von Kulturpflanzen durch Bekämpfung von Schädlingen, Krankheiten und Unkräutern mit Chemikalien synthetischer oder natürlicher Herkunft.

Chemosterilantien: Chemikalien, die zur Unfruchtbarmachung benutzt werden, z. B. bei Insekten, Milben, Nagetieren.

Chlorierte Kohlenwasserstoffe: Chlorhaltige organische Verbindungen: Lösungsmittel, Kühl- und Isoliermittel und Weichmacher (PCB), auch Pflanzenschutz- und Schädlingsbekämpfungsmittel-Wirkstoffe (letztere heute ohne Bedeutung).

Chlorose: Entfärbung (Vergilbung) von normalerweise grünem Gewebe infolge Chlorophyllzerstörung oder zu geringer Chlorophyllbildung.

Chronische Wirkung: Wirkung eines Mittels bei wiederholter Aufnahme über lange Zeit.

Dauersporen: Dickwandige Sporen, die auch unter ungünstigen Umständen längere Zeit lebensfähig bleiben.

DDT Dichlor-**d**iphenyl-**t**richlorethan: Von P. MÜLLER, Schweiz (Nobelpreis 1948) in seiner Wirkung und Anwendbarkeit erforschtes, sehr aktives Kontakt-Insektizid aus der Gruppe der chlorierten Kohlenwasserstoffe. Hat u. a. in vielen Ländern eine drastische Reduzierung der Malariafälle bewirkt. Auch im Agrarsektor gegen eine Vielzahl von Schädlingen erfolgreich eingesetzt. Wegen seiner Beständigkeit (Persistenz) bei hoher Wirksamkeit trotz geringer Giftigkeit in der Bundesrepublik Deutschland seit vielen Jahren in seiner Herstellung und Anwendung stark eingeschränkt und schließlich verboten (1972).

Desinfektion: Vernichten von Mikroorganismen, vor allem von Krankheitserregern.

Disposition: Krankheitsbereitschaft.

Dosierung: Bemessen einer Menge, Dosis.

Ektoparasit: Parasit, der sich im Wesentlichen auf der Oberfläche der Pflanze entwickelt und sich von außen von seinem Wirt ernährt.

Emission: Die von einer Anlage (z. B. Kraftwerk) in die Luft oder in das Wasser gelangenden festen, flüssigen oder gasförmigen Stoffe; ferner Wärme, Geräusche, Licht, Erschütterungen.

Emulsion: Feinste Verteilung einer Flüssigkeit in einer anderen, in der sie nicht löslich ist.

Endoparasit: Im Inneren eines Organismus lebender Parasit.

Entwesung: Vernichten von Schädlingen in einem Raum.

Epidemie: Ungewöhnlich starkes Auftreten einer Infektionskrankheit innerhalb einer begrenzten Zeitspanne; E. kann mehr oder weniger lokal begrenzt sein (z. B. Krautfäule bei der Kartoffel) oder kontinentales Ausmaß annehmen (z. B. Getreideroste).

EPPO (englisch: **E**uropean and **M**editerranean **P**lant **P**rotection **O**rganization): Pflanzenschutz-Organisation für Europa und den Mittelmeerraum, der Regierungsvertreter aus 35 Ländern angehören.

FAO (englisch: **F**ood and **A**griculture **O**rganization): Ernährungs- und Landwirtschaftsorganisation der Vereinten Nationen (UN), gegründet 1945 in Quebec, Sitz Rom. Aufgaben: Technische Hilfsdienste für Entwicklungsgebiete, Verbesserung der landwirtschaftlichen Erzeugung und Verteilung. Organe: Welternährungsrat, Konferenz der Mitgliedstaaten der UN.

Fauna: Tierwelt.

Flora: Pflanzenwelt.

Formulierung: Im Pflanzenschutz oder in der Chemie: Zubereitung, Aufbereitung eines Wirkstoffes, z. B. in flüssiger, pastöser oder fester Form.

Fraßgift: Wirkstoff, der über den Verdauungstrakt wirkt, z. B. Rattengift, bestimmte Insektizide. Gegensatz: Kontaktgift.

Fruchtkörper: Einfaches bis sehr differenziertes Hyphengeflecht von Pilzen, welches Sporen enthält und trägt.

Fruchtfolge: Folge von verschiedenen Kulturen auf der selben Anbaufläche.

Fungizid: Mittel, das Pilze tötet.

Gallen: Gewebewucherungen der Pflanze auf den Reiz eines Fremdorganismus; kein selbstständiges Wachstum, zur Bildung ist die Anwesenheit des Erregers erforderlich.

Gefahrensymbole: Kennzeichnung von Chemikalien hinsichtlich ihrer Giftigkeit (T+, T, C, Xn, Xi = Kennbuchstaben).

Granulat: Ein Mittel in fester, körniger Form.

Haftmittel: Hilfsstoff, der die Haftfähigkeit von Stäube- und Spritzbelägen verbessert.

Haustorium: Pilzliches Organ, dient der Nährstoffversorgung des Erregers aus der lebenden Pflanzenzelle.

Hemmstoffe: Das Wachstum hemmende Substanzen; Antagonisten (Gegenspieler) der Wuchsstoffe, z. T. mit diesen chemisch verwandt.

Herbizid: Mittel, das Unkräuter vernichtet.

Höchstmenge: In mg/kg (ppm) angegebene, gesetzlich zugelassene Menge von Stoffen, z. B. von Pflanzenschutzmittel-Wirkstoffen, Wachstumsreglern, Schwermetallen, die beim Inverkehrbringen in oder auf pflanzlichen und tierischen Nahrungsmitteln höchstens vorkommen darf; Rückstands-Höchstmengen Verordnung.

Immissionen: Einwirkung schädlicher Luftverunreinigungen auf Pflanzen bzw. Umwelt.

Indikationslücken: Anwendungsgebiete, für die keine Pflanzenschutzmittel zugelassen sind.

Indikationszulassung: Pflanzenschutzmittel dürfen nur in den in der Gebrauchsanleitung ausgewiesenen Kulturen und nur gegen die dort genannten Schaderreger (= Anwendungsgebiet) eingesetzt werden.

Infektion: Prozess der Eindringung und Festsetzung (Stabilisierung) eines Erregers in der Wirtspflanze.

Infektionszeit: Zeitspanne von Beginn des Erregerangriffs auf die Pflanze bis zum Erreichen eines stabilen parasitischen Verhältnisses.

Inkubationszeit: Schließt die Infektionszeit ein und reicht darüber hinaus bis zum Auftreten der Krankheitssymptome.

Innertherapeutische Wirkung: Siehe systemische Wirkung.

Insektizid: Mittel, das Insekten tötet.

Integrierter Pflanzenschutz: Eine Kombination von Verfahren, bei denen unter vorrangiger Berücksichtigung biologischer, biotechnischer, pflanzenzüchterischer sowie anbau- und kulturtechnischer Maßnahmen die Anwendung chemischer Verfahren auf das notwendige Maß beschränkt wird.

Juvenilhormon: Hormon, das an der Steuerung der Entwicklung von Insekten beteiligt ist. In der integrierten Schädlingsbekämpfung wird es so eingesetzt, dass es den Entwicklungszyklus stört.

Karenzzeit: Siehe Wartezeit.

Karzinogen (kanzerogen): Krebs erregend.

Kennbuchstaben: Siehe Gefahrensymbole.

Ködermittel: Mittel, das neben der Aktivsubstanz eine vom zu bekämpfenden Schädling als Nahrung bevorzugte Substanz oder einen spezifischen Lockstoff enthält.

Kontaktgift: Berührungsgift; Mittel, das durch bloße Berührung in tödlicher Dosis in den Körper eindringt, also nicht auf die Aufnahme durch den Magen-Darm-Trakt oder die Atemwege angewiesen ist.

Kontamination: Verunreinigung mit Fremdstoffen.

Konzentration: Anteil einer Komponente im Gemisch (Gehaltsangabe); z. B. Gew.-%, Vol.-%, g/l (Gramm pro Liter), mg/kg (Milligramm pro Kilogramm).

Krankheitszyklus: Kette aufeinander folgender Ereignisse im Krankheitsablauf mit den Entwicklungsstadien des Erregers und den Auswirkungen auf den Wirt.

Kumulativ: Anhäufend.

Kurative Wirkung: Therapeutische Wirkung; heilende Wirkung auf eine schon ausgebrochene Krankheit.

Larvizid: Larven tötendes Mittel.

Latente Infektion: Stadium, in dem eine Pflanze von einem Erreger infiziert ist, aber noch keine Symptome zeigt.

LD 50 (= **L**etale **D**osis): Dosis eines Stoffes, bei der nach einmaliger Verabreichung 50 % der Versuchstiere getötet werden. Dient als Maßstab für die akute Giftigkeit einer Substanz.

Leitunkraut: Unkrautart, die auf einem Standort vorherrscht oder besonders bekämpfungswürdig ist (z. B. Klettenlabkraut).

Lockstoffe: Pheromone, z. B. zur Anlockung von Insekten, Sexuallockstoffe, die arteigen bei Insekten der Anlockung des Geschlechtspartners dienen und noch in sehr großer Verdünnung über weite Entfernung wirksam sind. Attractants.

Lückenindikation: Genehmigung der Anwendung von Pflanzenschutzmitteln in bei der Zulassung nicht berücksichtigten Anwendungsgebieten.

Mikroorganismen: Pilze und Bakterien (im weiteren Sinne auch Viren).

Molluskizid: Mittel, das Mollusken, insbesondere Schnecken abtötet.

Monokotyle: Einkeimblättrige Pflanzen (z. B. Gräser, Getreide). Gegensatz: Dikotyle = zweikeimblättrige Pflanzen (z. B. Klettenlabkraut).

Monokultur: Fortwährender Anbau derselben Pflanzenart auf derselben Fläche.

Mutagen: Erbgut verändernd.

Mykorrhiza: Wurzelsymbiosen, bei denen Pilze mit den Wurzeln der Pflanzen vergesellschaftet sind; ektotrophe Mycorrhiza: Pilze wachsen vorwiegend außerhalb, endotrophe Mycorrhiza: Pilze wachsen vorwiegend innerhalb der Wurzeln.

Mykotoxine: Giftstoffe, die von Pilzen gebildet werden.

Myzel: Gesamtheit der Hyphen (»Pilzfäden«), die den Thallus (= Vegetationskörper) eines Pilzes ausmacht.

Nachauflaufbehandlung: Behandlung einer Kultur, die schon aufgelaufen ist, oder Bekämpfung von Unkraut, das schon aufgelaufen ist.

Nahrungskette: Kette der vorhandenen lebenden Organismen, wobei die kleinen Lebewesen von den größeren gefressen werden, z. B. Wasserfloh – Weißfisch – Raubfisch – Seeadler. Von Bedeutung, weil sich Schadstoffe, z. B. auch persistente Pflanzenschutzmittel, in der Nahrungskette anreichern können.

Naturhaushalt: Seine Bestandteile Boden, Wasser, Luft, Tier- und Pflanzenarten sowie das Wirkungsgefüge zwischen ihnen. Komplexes Wirkungsgefüge von Produzenten (z. B. Grünpflanzen), Konsumenten (z. B. Grasfresser) und Reduzenten (Abbauer, z. B. Bakterien).

Negativprognose: Voraussage eines Zeitpunktes, bis zu dem eine Pflanzenkrankheit (z. B. die Kraut- und Knollenfäule der Kartoffel) nicht auftreten wird. Erst wenn bestimmte Summen stündlicher Temperaturwerte bei hohen Luftfeuchten einen gewissen Schwellenwert erreicht haben, beginnt die Entwicklung der Krautfäule. Durch die Negativprognose können vorbeugende Spritzungen eingespart werden.

Nekrose: Abgestorbene Zellen oder Gewebe mit brauner Verfärbung.

Nervengift: Gift, das über das Nervensystem z. B. bei Insekten wirkt.

Nematizid: Mittel, das Nematoden tötet.

Netzmittel: Stoffe, die die Oberflächenspannung von Flüssigkeiten verringern, so dass diese sich auf Oberflächen (z. B. Blätter) besser verteilen können (Verbesserung der Benetzbarkeit).

No-effect-level (englisch): Menge einer Substanz, die bei täglicher Aufnahme weder funktionelle Störungen noch strukturelle Veränderungen am Versuchstier verursacht; bei oraler Aufnahme (durch den Mund) wird diese Menge in mg/kg Körpergewicht/Tag ausgedrückt (siehe auch ADI-Wert; der ADI-Wert ist rund 1/100 des no-effect-levels).

Nützlinge: Frei lebende Tiere, die dem Menschen in irgendeiner Weise nützlich sind, z. B. im Rahmen der biologischen Schädlingsbekämpfung.

Ökologie: Wissenschaft von den Beziehungen der Lebewesen untereinander und zur unbelebten Umwelt.

Ökologisch: Auf die Umwelt bezogen.

Ökologisches Gleichgewicht: Zustand der Beziehungen der belebten und unbelebten Umwelt zueinander.

Ökosystem: Vernetztes Wirkungsgefüge von Lebewesen in ihrem gemeinsamen Lebensraum.

Oral: Aufnahme durch den Mund.

Ovizid: Mittel, das Eier abtötet.

Parasit: Organismus oder Virus, der auf oder in einem anderen lebenden Organismus lebt und von ihm Nahrung oder eine andere Leistung ohne gleichwertige Gegenleistung bezieht.

Pathogen: Krankheitserreger; Krankheit erregend.

Perkutan: Aufnahme durch die Haut.

Persistent: Ausdauernd, anhaltend, z. B. in Bezug auf Dauer der Infektionsfähigkeit von Viren im Vektor oder auf die Abbaugeschwindigkeit von Pflanzenschutzmitteln.

Pestizide (englisch: pesticide = Schädlingsbekämpfungsmittel): Häufig als Sammelbegriff für chemische Pflanzenschutzmittel verwendet.

Pflanzenhygiene: Vorbeugende Maßnahmen zur Gesunderhaltung der Nutzpflanzen (Sortenwahl, standortgerechter Anbau, Fruchtfolge, Bodenbearbeitung, Düngung, Bewässerung usw.)

Pflanzenschutz: Schutz der Kulturpflanzen vor Pflanzenkrankheiten, Schädlingen und Standortkonkurrenten sowie Schutz pflanzlicher Vorräte vor Verderbnis (Vorratsschutz).

Pflanzenschutzdienst: Die nach Landesrecht für die Durchführung des Pflanzenschutz-Gesetzes zuständigen Behörden oder Stellen.

Pflanzenschutzmittel: Stoffe, die dazu bestimmt sind, Pflanzen oder Pflanzenerzeugnisse vor Schadorganismen oder nicht-parasitären Beeinträchtigungen zu schützen oder die Lebensvorgänge von Pflanzen zu beeinflussen, ohne ihrer Ernährung zu dienen.

Pflanzenstärkungsmittel: Stoffe, die ausschließlich dazu bestimmt sind, die Widerstandsfähigkeit von Pflanzen gegen Schadorganismen zu erhöhen.

Pheromon: Spezifischer Duftstoff, z. B. Sexualduftstoff von Insekten, der in der Schädlingsbekämpfung als Lockstoff verwendet wird.

Physiologische Erkrankungen: Nicht-parasitäre Krankheiten, z. B. als Folge von Nährstoffmangel oder ungünstigen Witterungseinflüssen.

Phytohormon: Pflanzlicher Wuchsstoff; Pflanzenhormon, das das Wachstum steuert. In der Unkrautbekämpfung wird es so eingesetzt, dass es zu Störungen des Wachstums führt.

Phytomedizin: Wissenschaft von den kranken und beschädigten Pflanzen und der Fertigkeit, sie gesund zu erhalten oder zu heilen. Ihr Aufgabenbereich geht damit weit über denjenigen der traditionellen Pflanzenpathologie hinaus.

Phytopathologie: Die Lehre von den Pflanzenkrankheiten.

Phytotoxizität: Giftwirkung eines Mittels auf Pflanzen.

Population: Gesamtheit aller Organismen einer bestimmten Art in einem bestimmten Gebiet.

Populationsdynamik: Schwankungen der Populationsdichte und -verteilung einer Tierart in Abhängigkeit von Umweltfaktoren und arteigenen Steuerungsmechanismen.

Ppm (**p**arts **p**er **m**illion): Teile pro Million, z. B. 1 g auf 1000 kg oder 1 cm³ auf 1 m³.

Prädator: Nützling; nützliches Insekt oder anderes Tier, das bestimmte Schädlinge auf Kulturen frisst oder parasitiert.

Präventive Wirkung (prophylaktische Wirkung): Vorbeugende Wirkung z. B. gegen den Ausbruch einer Krankheit.

Problemunkräuter: Diejenigen Unkräuter einer Unkrautgemeinschaft, die durch Herbizide weniger gut bekämpft werden und sich deshalb übermäßig ausbreiten können.

Prognose: Vorhersage über die voraussichtliche Entwicklung eines Schaderregers und des zu erwartenden Schadens (Schadensprognose).

Quarantäne: Staatliche Kontroll- und Absperrmaßnahme, um Ein- und Verschleppung von Schadorganismen zu verhindern.

Räuchermittel: Mittel, das beim Verbrennen oder Verschwelen einen Wirkstoff haltigen Rauch zur Bekämpfung von Schädlingen abgibt. Verwendung meist in geschlossenen Räumen.

Repellent: Abschreckmittel; Mittel, das Schädlinge davon abschreckt, sich auf einer damit behandelten Fläche niederzulassen oder von einer damit behandelten Pflanze zu fressen.

Resistenz: Widerstandsfähigkeit einer Pflanze oder eines Tieres gegen einen Schaderreger oder gegen eine bestimmte Substanz.

Rodentizid: Mittel, das Nagetiere, insbesondere Ratten und Mäuse, tötet.

R-Satz: Hinweis in der Gefahrstoff-Verordnung auf besondere Gefahren.

Rückstände: Reste bzw. Abbauprodukte, z. B. von Pflanzenschutzmitteln, Fremd- und Zusatzstoffen in und auf Nahrungs- bzw. Futtermitteln. Im Pflanzenschutz: Siehe Wartezeiten, siehe Höchstmengen-Verordnung.

Samenbürtig: In oder auf dem Samen vorhanden.

Saprophyt: Von totem organischem Substrat, das er nicht selbst abgetötet hat, lebender Organismus.

Schädling: Schaderreger, tierischer oder pflanzlicher Organismus (inbegriffen Viren), der durch seine Lebensweise, seine Ernährung, seinen Standort oder auf andere Weise dem Menschen, seinen Kulturen, Haustieren, Vorräten, Bauwerken usw. Schaden zufügt.

Schwächeparasiten: Krankheitserreger, die bevorzugt schon geschwächte Wirtspflanzen befallen.

Selektivität: Auswahlvermögen, spezifische Wirkung eines Pflanzenschutzmittels oder -verfahrens gegen nur eine Art (bzw. Gruppe) von Schadorganismen.

Sporen: Ein- oder mehrzellige Fortpflanzungskörper von Pilzen, meist in Massen gebildet, dienen der Verbreitung. Als Dauersporen (Ruhestadium) überdauern sie ungünstige Umweltbedingungen.

S-Satz: Sicherheitsratschlag in der Gefahrstoff-Verordnung.

Suspension: Gleichmäßige feine Verteilung eines unlöslichen festen Stoffes in einer Flüssigkeit.

Symbiont: Ein in einer Symbiose lebender Organismus.

Symbiose: Engstes Zusammenleben artverschiedener Organismen. Jeder Partner nutzt den anderen aus, beide ziehen aber Nutzen aus dem Zusammenleben.

Symptom: Die äußeren oder inneren Reaktionen und Veränderungen der Pflanze nach Erregerbefall oder Beschädigung.

Synergistisch: Sich gegenseitig beeinflussend im Sinne einer gesteigerten, unter Umständen neuartigen Wirkung.

Synthetisch: Künstlich (im Gegensatz zu natürlich).

Systemische Wirkung: Innertherapeutische Wirkung; Wirkung eines Mittels nach Eindringen in das pflanzliche Gewebe und Transport in den Leitungsbahnen der Pflanze.

Teratogen: Gewebe verändernd.

Toleranz: Fähigkeit eines Organismus, Krankheitsbefall ohne starke Schädigung zu ertragen.

Totalherbizid: Herbizid, das alle Pflanzen vernichtet.

Toxikologie: Lehre von den Giften und ihren Wirkungen.

Toxin: Bezeichnung für giftige Naturstoffe, z. T. mit unbekannter chemischer Struktur und unspezifischer Wirkung. Die meisten Toxine werden von Bakterien und Pilzen gebildet.

Toxizität: Giftigkeit einer Substanz.

Akute Toxizität: Giftigkeit eines Präparates bei einmaliger Aufnahme.

Subakute Toxizität: Giftigkeit bei mehrmaliger Aufnahme kleiner Mengen.

Chronische Toxizität: Giftigkeit eines Präparates, das in wiederholten Dosen verabreicht wird und bei einmaliger Gabe noch unwirksam ist.

UBA: Umweltbundesamt, Berlin.

ULV-Technik (Ultra low volume): Applikationstechnik, bei der das Mittel sehr wenig oder gar nicht verdünnt mit Spezialgeräten vom Boden oder aus der Luft in äußerst feiner Verteilung ausgebracht wird.

Umweltfaktoren: Die auf einen Organismus einwirkenden Einflüsse der Umwelt (ökologische Faktoren); gegliedert in abiotische und biotische Faktoren.

Umweltschutz: Alle Maßnahmen zur Sicherung und Erhaltung der unbelebten und belebten Natur. Die hierzu notwendige Umweltplanung in bezug auf die erforderliche Umweltqualität orientiert sich an den Bedürfnissen der Menschen.

Vektor: Organismus, der Erreger überträgt.

Viren: Mikroorganismen, die sich nach der Infektion in lebenden Organismen vermehren.

Virose: Eine durch eine Virusart hervorgerufene Krankheit.

Vorratsschädling: Tierische Organismen, die an gelagerten Lebensmitteln und anderen Vorräten wie Wolle, Fellen, Holz Verluste verursachen.

Vorratsschutz: Schutz geernteter Pflanzenerzeugnisse vor Schadorganismen. Weltweit gehen beispielsweise jährlich ca. 25 % der Getreideernte durch Vorratsschädlinge verloren.

Vorsaat-, Vorauflauf- und **Nachauflaufmittel:** Unkrautbekämpfungsmittel, die entweder vor der Saat, vor dem Auflaufen bzw. nach dem Auflaufen der Kulturpflanzen zur Anwendung kommen.

Wachstumsregler: Stoffe, die dazu bestimmt sind, die Lebensvorgänge von Pflanzen zu beeinflussen, ohne ihrer Ernährung zu dienen und ohne sie zum Absterben zu bringen.

Warndienst: Kurzfristige Voraussage des Auftretens von Schädlingen und Krankheiten in Verbindung mit termingerechten Empfehlungen für gezielte, wirtschaftlich sinnvolle und tragbare Pflanzenschutzmaßnahmen, die der amtliche Pflanzenschutzdienst über Presse, Rundfunk, Telefon, Fax oder Online-Dienste sowie durch schriftliche Benachrichtigungen verbreitet.

Wartezeit (auch Karenzzeit): Mindestzeit, die zwischen der letzten Anwendung eines Pflanzenschutzmittels bei Kulturpflanzen und deren Ernte einzuhalten ist. Die verwendeten Pflanzenschutzmittel werden innerhalb der Wartezeit auf oder unter die erlaubte Höchstmenge abgebaut.

WHO (**W**orld **H**ealth **O**rganization): Welt-Gesundheits-Organisation, eine Organisation der Vereinten Nationen.

Wirkstoff: Die wirksame Substanz eines chemischen Präparates; im Pflanzenschutzmittel eingebettet in unterschiedlichen Aufbereitungen (Formulierungen) wie Staub, Emulsion, Granulat, Spritzpulver, Suspensionskonzentrat.

Wirkungsspektrum: Umfang der Wirkung bezogen auf die Anzahl der Arten und Entwicklungsstadien, die von einem bestimmten Mittel bekämpft werden.

Wirt: Organismus, von dem ein Parasit oder Symbiont seine Nahrung bezieht.

Wirtschaftliche Schadensschwelle: Schadensgrenze, die gegeben ist, wenn der durch einen Schaderreger zu erwartende Schaden genauso groß ist wie die Kosten, die für seine Abwehr entstanden wären, d. h., ein Schaden wird erst wirtschaftlich spürbar, wenn er größer ist als die Kosten für seine Bekämpfung. Die Ausnutzung der wirtschaftlichen Schadensschwelle ist ein wichtiges Merkmal des Integrierten Pflanzenschutzes.

Wundparasit: Erreger, der nur über eine Wunde eine Pflanze infizieren kann.

Zusatzstoffe: Im Pflanzenschutz als Haft- und Netzmittel den Pflanzenschutzmitteln zugesetzt, um ihre Eigenschaften oder ihre Wirkungsweise zu verändern. Sie dürfen nur in den Verkehr gebracht werden, wenn sie in eine Liste des Bundesamtes für Verbraucherschutz und Lebensmittelsicherheit aufgenommen worden sind.

9 Zentralen des Pflanzenschutzdienstes

Baden-Württemberg:
Landwirtschaftliches Technologiezentrum Augustenberg,
Außenstelle Stuttgart
Reinsburgstraße 107
70197 Stuttgart
Tel.: (07 11) 66 42-4 00
Fax: (07 11) 66 42-4 99
E-Mail: *Poststelle-s@ltz.bwl.de*
Internet: *www.LTZ-Augustenberg.de*

Bayern:
Bayerische Landesanstalt für Landwirtschaft
Institut für Pflanzenschutz
Lange Point 10
85354 Freising
Tel.: (0 81 61) 71-56 51
Fax: (0 81 61) 71-57 35
E-Mail: *pflanzenschutz@lfl.bayern.de*
Internet: *www.lfl.bayern.de*

Berlin:
Pflanzenschutzamt Berlin
Mohriner Allee 137
12347 Berlin
Tel.: (0 30) 70 00 06-0
Fax: (0 30) 70 00 06-2 55
E-Mail: *Pflanzenschutzamt@Senstadt.Verwalt-Berlin.de*
Internet: *www.Stadtentwicklung.de/Pflanzenschutz*

Brandenburg:
Landesamt für Verbraucherschutz, Landwirtschaft und Flurneuordnung
Pflanzenschutzdienst
Ringstraße 1010
15236 Frankfurt (Oder)
Tel.: (0335) 52 17-6 22
Fax: (03 35) 5 21 73 70
E-Mail: *poststelle.pflanzenschutzdienst@Lvlf.brandenburg.de*
Internet: *www.mLuv.brandenburg.de*

Bremen:
Lebensmittelüberwachungs-, Tierschutz- und Veterinärdienst
des Landes Bremen (LMTVet);
Pflanzenschutzdienst Bremen
Findorffstraße 101 (Stadthalle 7)
28215 Bremen
Tel.: (04 21) 3 61-40 35
Fax: (04 21) 3 61-1 74 66
E-Mail: *office@veterinaer.bremen.de*
Internet: *www.Lmtvet-bremen.de*

Hamburg:
Institut für angewandte Botanik der Universität Hamburg
Pflanzenschutzamt Hamburg
Ohnhorststraße 18
22609 Hamburg
Tel.: (040) 4 28 16-5 56
Fax: (040) 4 28 16-5 55
E-Mail: *pflanzenschutz@iangbot.uni-hamburg.de*
Internet: *www.pflanzenschutzamt-hamburg.de*

Hessen:
Regierungspräsidium Gießen
Pflanzenschutzdienst Hessen
Schanzenfeldstraße 8
35578 Wetzlar
Tel.: (06 41) 3 03-52 27
Fax: (06 41) 3 03-51 04
E-Mail: *orthka@ulf.hessen.de*
Internet: *www.rp-giessen.de*

Mecklenburg-Vorpommern:
Landesamt für Landwirtschaft, Lebensmittelsicherheit und Fischerei,
MV, Pflanzenschutzdienst
Graf-Lippe-Straße 1
18059 Rostock
Tel.: (03 81) 40 35-0
Fax: (03 81) 4 92 26 65
E-Mail: *poststelle@lallf.mvnet.de*
Internet: *www.lallf.de*

Niedersachsen:
Landwirtschaftskammer Niedersachsen
Pflanzenschutzamt Hannover
Wunstorfer Landstraße 9
30453 Hannover
Tel.: (05 11) 40 05-0
Fax: (05 11) 40 05-21 20
E-Mail: *Pflanzenschutzamt@lwk-niedersachsen.de*
Internet: *www.lwk-niedersachsen.de*

Landwirtschaftskammer Niedersachsen
Pflanzenschutzamt Oldenburg
Sedanstraße 4
26121 Oldenburg
Tel.: (04 41) 8 01-0
Fax: (04 41) 8 01-7 77
E-Mail: *Pflanzenschutzamt@lwk-niedersachsen.de*
Internet: *www.lwk-niedersachsen.de*

Nordrhein-Westfalen:
Landwirtschaftskammer NRW – Pflanzenschutzdienst
Siebengebirgsstraße 200
53229 Bonn
Tel.: (02 28) 7 03-21 01
Fax: (02 28) 7 03-21 02
E-Mail: *Pflanzenschutzdienst@lwk.nrw.de*
Internet: *www.landwirtschaftskammer.de*

Rheinland-Pfalz:
Dienstleistungszentrum ländlicher Raum (Landwirtschaft)
Rheinhessen-Nahe-Hunsrück
Rüdesheimer Straße 60–68
55545 Bad Kreuznach
Tel.: (06 71) 8 20-0
Fax: (06 71) 8 20-6 00
E-Mail: *dlr-rnh@dlr.rlp.de*
Internet: *www.DLR-Rheinpfalz.rlp.de*

Dienstleistungszentrum ländlicher Raum (Gartenbau, Weinbau)
Breitenweg 71
67435 Neustadt/Weinstraße
Tel.: (0 63 21) 6 71-0
Fax: (0 63 21) 6 71-22
E-Mail: *dlr-rheinpfalz@dlr.rlp.de*
Internet: *www.DLR-Rheinpfalz.rlp.de*

Saarland:
Landwirtschaftskammer für das Saarland – Pflanzenschutzdienst
Dillinger Straße 67
66822 Lebach
Tel.: (0 68 81) 9 28-1 09
Fax: (0 68 81) 9 28-1 00
E-Mail: *karen.falch@LWK-Saarland.de*
Internet: *www.lwk-saarland.de*

Sachsen:
Sächsische Landesanstalt für Landwirtschaft
Fachbereich Integrierter Pflanzenschutz
Stübelallee 2
01307 Dresden
Tel.: (03 51) 4 40 83-0
Fax: (03 51) 4 40 83-25
E-Mail: *poststelle@smul.sachsen.de*
Internet: *www.landwirtschaft.sachsen.de/lfl*

Sachsen-Anhalt:
Landesanstalt für Landwirtschaft, Forsten und Gartenbau
Dezernat Pflanzenschutz
Silberbergweg 5
39128 Magdeburg
Tel.: (03 91) 25 69-4 01
Fax: (03 91) 25 69-4 02
E-Mail: *PoststelleLPSA@LLfG.MLU.Sachsen-Anhalt.de*
Internet: *www.LLG-LSA.de*

Schleswig-Holstein:
Amt für ländliche Räume Kiel – Abteilung Pflanzenschutz
Westring 383
24118 Kiel
Tel.: (04 31) 8 80-13 02
Fax: (04 31) 8 80-13 14
E-Mail: *Pflanzenschutz@pfs.ALR-Kiel.landsh.de*
Internet: *www.Pflanzenschutz.Schleswig-Holstein.de*

Thüringen:
Thüringer Landesanstalt für Landwirtschaft
Abt. 400 – Referat Pflanzenschutz
Kühnhäuser Straße 101
99189 Erfurt-Kühnhausen
Tel.: (03 61) 5 50 68-0
Fax: (03 61) 5 50 68-1 40
E-Mail: *postmaster@kuehnhausen.tll.de*
Internet: *www.tll.de*

10 Verzeichnis der Giftinformationszentren in Deutschland

Zentren mit durchgehendem 24-Stunden-Dienst

BERLIN:
Berliner Betrieb für Zentrale Gesundheitliche Aufgaben
Institut für Toxikologie und Giftnotruf Berlin
Oranienburger Straße 285
13437 Berlin
Tel.: (0 30) 1 92 40
Fax: (0 30) 306-86-721
E-Mail: *mail@giftnotruf.de*
Internet: *www.giftnotruf.de*

Charité
Campus Virchow-Klinikum
Med. Fakultät der Humboldt-Universität zu Berlin,
Klinik für Nephrologie und Internistische Intensivmedizin
Augustenburger Platz 1
13353 Berlin
Tel.: (0 30) 4 50-65 35 55
Fax: (0 30) 4 50-65 39 15
E-Mail: *nephrologie@charite.de*
Internet: *www.charite.de/nephro*

BONN:
Informationszentrale gegen Vergiftungen
Zentrum für Kinderheilkunde der Rheinischen Friedrich-Wilhelm-Universität Bonn
Adenauerallee 119
53113 Bonn
Tel.: (02 28) 1 92 40
Fax: (02 28) 2 87-33 14
E-Mail: *gizbn@ukb.meb.uni-bonn.de*
Internet: *www.meb.uni-bonn.de/giftzentrale*

ERFURT
Gemeinsames Giftinformationszentrum der Länder Mecklenburg-
Vorpommern, Sachsen, Sachsen-Anhalt und Thüringen
c/o HELIOS Klinikum Erfurt
Nordhäuser Straße 74
99089 Erfurt
Tel.: (03 61) 7 30 73-0
Fax: (03 61) 7 30 73-17
E-Mail: *info@ggiz-erfurt.de*
Internet: *www.sozial-mv.de*

FREIBURG
Universitätsklinikum Freiburg
Vergiftungs-Informationszentrale Freiburg
Mathildenstraße 1
79106 Freiburg
Tel.: (07 61) 1 92 40
Fax: (07 61) 2 70-44 57
E-Mail: *giftinfo@uniklinik-freiburg.de*
Internet: *www.giftberatung.de*

GÖTTINGEN
Giftinformationszentrum-Nord[1]) (GIZ Nord)
Georg-August-Universität Göttingen
Bereich Humanmedizin
Robert-Koch-Straße 40
37075 Göttingen
Tel.: (05 51) 1 92 40
Fax: (05 51) 3 83 18 81
E-Mail: *anfragen@giz-nord.de*
Internet: *www.giz-nord.de*

GREIFSWALD
Institut für Pharmakologie der Ernst-Moritz-Arndt-Universität
Friedrich-Loeffler-Straße 23 d
17487 Greifswald
Tel.: (0 38 34) 86 56 28 (von 7.00 bis 15.30 Uhr)
Tel.: (0 38 34) 86 72 70/71/72 (nach 15.30 Uhr)
Fax: (0 38 34) 86 56 31
E-Mail: *pharmako@uni-greifswald.de*
Internet: *www.medizin.uni-greifswald.de/pharmako*

[1]) der Länder Bremen, Hamburg, Niedersachsen und Schleswig-Holstein

HOMBURG

Klinik für Allgemeine Pädiatrie und Neonatalogie
Universitätsklinikum des Saarlandes
Kirrberger Straße 8
Informations- und Behandlungszentrum für Vergiftungen
Gebäude 9
66421 Homburg/Saar
Tel.: (0 68 41) 1 92 40 oder (0 68 41) 2 83 14
Fax: (0 68 41) 16 84 38
E-Mail: *Giftberatung@Klinikum-Saarland.de*
Internet: *www.Uniklinikum-Saarland.de*

LEIPZIG

Toxikologischer Auskunftsdienst – Institut für Klinische Pharmakologie
der Universität Leipzig
Härtelstraße 16–18
04107 Leipzig
Tel.: (03 41) 9 72 46 50
Fax: (03 41) 9 72 46 59
E-Mail: *iris.koehler@uniklinik-leipzig.de*
Internet: *www.uni-leipzig.de/medizin*

MAINZ

Giftinformationszentrum der Länder Rheinland-Pfalz und Hessen
Klinische Toxikologie
Medizinische Klinik und Poliklinik der Universität Mainz
Langenbeckstraße 1
55131 Mainz
Tel.: (0 61 31) 19 24 0 und 23 24 66
Fax: (0 61 31) 23 24 68
E-Mail: *mail@giftinfo.uni-mainz.de*
Internet: *www.giftinfo.uni-mainz.de*

MÜNCHEN

Toxikologische Abteilung der II. Medizinischen Klinik rechts der Isar der
Technischen Universität München
Ismaninger Straße 22
81675 München
Tel.: (0 89) 1 92 40
Fax: (0 89) 41 40 24 67
E-Mail: *tox@lrz.tum.de*
Internet: *www.toxinfo.org*

NÜRNBERG

Giftinformationszentrale der Medizinischen Klinik 2,
Klinikum Nürnberg-Nord
Prof.-Ernst-Nathan-Straße 1
90419 Nürnberg
Tel.: (09 11) 3 98-24 51 oder (09 11) 3 98- 26 65
Fax: (09 11) 3 98-21 92
E-Mail: *muehlberg@klinikum-nuernberg.de*
Internet: *www.giftinformation.de*

ROSTOCK

Landeszentrum für Diagnostik und Therapie von Vergiftungen
Universität Rostock, Medizinische Fakultät, Kinder- und Jugendklinik
Rembrandtstraße 16/17
18055 Rostock
Tel.: (03 81) 4 94-71 11 und 4 94-71 81 (Mo–Fr 8–14.30 Uhr)
Fax: (03 81) 4 94-71 52
E-Mail: *kinderklinik@med.uni-rostock.de*
Internet: *www.kinderklinik-rostock.de*

11 Beilage mit Fragenkatalog

Im beiliegenden »multiple choice«-Test haben Sie anhand der Fragen die Möglichkeit, Ihren Lernerfolg zu überprüfen und sich für Prüfungen vorzubereiten.

Lesen Sie die Fragen genau durch. Von den angeführten Antworten können jeweils mehrere richtig sein. Kreuzen Sie diese an. Alle Fragen lassen sich durch das aufmerksame Lesen dieses Buches beantworten. Die Lösungen finden Sie im anhängenden Lösungsschlüssel.

Fragen Nr.	Thema
101–147	Schadursachen bei Pflanzen und Pflanzenerzeugnissen
201–227	Pflanzenschutzrecht
301–330	Zulassung, Genehmigung und Kennzeichnung von Pflanzenschutzmitteln
401–467	Eigenschaften, Wirkungen und Anwendungsverfahren von Pflanzenschutzmitteln
501–538	Integrierter Pflanzenschutz
601–619	Anwenderschutz
701–717	Verbraucherschutz
801–854	Schutz des Naturhaushalts
901–982	Sachgerechter Geräteeinsatz

12 Lösungsschlüssel

Schadursachen bei Pflanzen und Pflanzenerzeugnissen
Nr. 101 = b
Nr. 102 = b
Nr. 103 = a, b, d
Nr. 104 = a
Nr. 105 = a, b
Nr. 106 = a
Nr. 107 = c
Nr. 108 = b
Nr. 109 = b
Nr. 110 = b
Nr. 111 = c
Nr. 112 = c
Nr. 113 = b
Nr. 114 = c
Nr. 115 = c
Nr. 116 = b
Nr. 117 = a
Nr. 118 = c
Nr. 119 = a
Nr. 120 = c
Nr. 121 = a
Nr. 122 = a
Nr. 123 = a
Nr. 124 = a
Nr. 125 = b
Nr. 126 = b
Nr. 127 = b
Nr. 128 = b
Nr. 129 = b
Nr. 130 = c
Nr. 131 = c
Nr. 132 = b
Nr. 133 = a
Nr. 134 = a
Nr. 135 = b
Nr. 136 = c
Nr. 137 = b
Nr. 138 = a
Nr. 139 = b
Nr. 140 = b
Nr. 141 = a
Nr. 142 = b
Nr. 143 = b
Nr. 144 = c
Nr. 145 = b
Nr. 146 = a
Nr. 147 = a

Pflanzenschutzrecht
Nr. 201 = b
Nr. 202 = c
Nr. 203 = b
Nr. 204 = c
Nr. 205 = a
Nr. 206 = a
Nr. 207 = a
Nr. 208 = b
Nr. 209 = b
Nr. 210 = c
Nr. 211 = b
Nr. 212 = c
Nr. 213 = a
Nr. 214 = a
Nr. 215 = c
Nr. 216 = b
Nr. 217 = a
Nr. 218 = c
Nr. 219 = c
Nr. 220 = c
Nr. 221 = b
Nr. 222 = a
Nr. 223 = a
Nr. 224 = b
Nr. 225 = b
Nr. 226 = a, c
Nr. 227 = a

Zulassung, Genehmigung und Kennzeichnung von Pflanzenschutzmitteln
Nr. 301 = c
Nr. 302 = a, c, d
Nr. 303 = a, b, c, d
Nr. 304 = a
Nr. 305 = b
Nr. 306 = b
Nr. 307 = c
Nr. 308 = c
Nr. 309 = a
Nr. 310 = a, d
Nr. 311 = b
Nr. 312 = a
Nr. 313 = b
Nr. 314 = b
Nr. 315 = a
Nr. 316 = a
Nr. 317 = a
Nr. 318 = a

Nr. 319 = b
Nr. 320 = b
Nr. 321 = c
Nr. 322 = b
Nr. 323 = b
Nr. 324 = a, b, c, d
Nr. 325 = a
Nr. 326 = c
Nr. 327 = a
Nr. 328 = b
Nr. 329 = b, c
Nr. 330 = b

Eigenschaften, Wirkungen und Anwendungsverfahren von Pflanzenschutzmitteln
Nr. 401 = b
Nr. 402 = b
Nr. 403 = b
Nr. 404 = a
Nr. 405 = b
Nr. 406 = b
Nr. 407 = b
Nr. 408 = c
Nr. 409 = b
Nr. 410 = a
Nr. 411 = a
Nr. 412 = a, c, d
Nr. 413 = a, d
Nr. 414 = d
Nr. 415 = c
Nr. 416 = c
Nr. 417 = c
Nr. 418 = a
Nr. 419 = a
Nr. 420 = b
Nr. 421 = a
Nr. 422 = a
Nr. 423 = b
Nr. 424 = a
Nr. 425 = b
Nr. 426 = a
Nr. 427 = b
Nr. 428 = a
Nr. 429 = b
Nr. 430 = a
Nr. 431 = a
Nr. 432 = b
Nr. 433 = a
Nr. 434 = b

Nr. 435 = a
Nr. 436 = b
Nr. 437 = a
Nr. 438 = c
Nr. 439 = a
Nr. 440 = a
Nr. 441 = c
Nr. 442 = b
Nr. 443 = c
Nr. 444 = b
Nr. 445 = b
Nr. 446 = c
Nr. 447 = b
Nr. 448 = c
Nr. 449 = b
Nr. 450 = a
Nr. 451 = a
Nr. 452 = a
Nr. 453 = b
Nr. 454 = c
Nr. 455 = a
Nr. 456 = c
Nr. 457 = b
Nr. 458 = b
Nr. 459 = c
Nr. 460 = a
Nr. 461 = b
Nr. 462 = c
Nr. 463 = b
Nr. 464 = c
Nr. 465 = a
Nr. 466 = c
Nr. 467 = c

Integrierter Pflanzenschutz
Nr. 501 = b
Nr. 502 = a, b, c
Nr. 503 = a
Nr. 504 = a
Nr. 505 = b
Nr. 506 = b
Nr. 507 = a
Nr. 508 = b
Nr. 509 = b
Nr. 510 = a
Nr. 511 = b
Nr. 512 = c
Nr. 513 = b
Nr. 514 = c
Nr. 515 = b
Nr. 516 = a
Nr. 517 = b

Nr. 518 = a
Nr. 519 = c
Nr. 520 = b
Nr. 521 = b
Nr. 522 = a
Nr. 523 = b
Nr. 524 = b
Nr. 525 = a
Nr. 526 = a
Nr. 527 = b
Nr. 528 = b
Nr. 529 = a
Nr. 530 = b
Nr. 531 = a
Nr. 532 = b
Nr. 533 = c
Nr. 534 = b
Nr. 535 = a
Nr. 536 = b
Nr. 537 = a, c
Nr. 538 = b, c

Anwenderschutz
Nr. 601 = b
Nr. 602 = a, b
Nr. 603 = b
Nr. 604 = a
Nr. 605 = a
Nr. 606 = b
Nr. 607 = a, b, c
Nr. 608 = a
Nr. 609 = a
Nr. 610 = a
Nr. 611 = b
Nr. 612 = b
Nr. 613 = a
Nr. 614 = a
Nr. 615 = b
Nr. 616 = a, c
Nr. 617 = a, b
Nr. 618 = c
Nr. 619 = a

Verbraucher-schutz
Nr. 701 = a
Nr. 702 = b
Nr. 703 = c
Nr. 704 = a
Nr. 705 = c
Nr. 706 = b

Nr. 707 = b
Nr. 708 = a
Nr. 709 = b
Nr. 710 = b
Nr. 711 = b, c
Nr. 712 = a
Nr. 713 = a
Nr. 714 = b
Nr. 715 = b
Nr. 716 = c
Nr. 717 = a

Schutz des Naturhaushalts
Nr. 801 = a
Nr. 802 = a
Nr. 803 = a, b, c
Nr. 804 = a
Nr. 805 = b, c
Nr. 806 = b
Nr. 807 = a
Nr. 808 = b
Nr. 809 = a
Nr. 810 = c
Nr. 811 = b
Nr. 812 = c
Nr. 813 = c
Nr. 814 = a
Nr. 815 = b
Nr. 816 = c
Nr. 817 = b
Nr. 818 = a
Nr. 819 = c
Nr. 820 = c
Nr. 821 = b
Nr. 822 = d
Nr. 823 = c
Nr. 824 = b, c
Nr. 825 = b
Nr. 826 = b
Nr. 827 = b
Nr. 828 = b
Nr. 829 = c
Nr. 830 = b, d
Nr. 831 = b
Nr. 832 = a
Nr. 833 = a
Nr. 834 = a
Nr. 835 = a
Nr. 836 = a
Nr. 837 = b

Nr. 838 = b
Nr. 839 = a, b, d
Nr. 840 = a, b, d
Nr. 841 = a
Nr. 842 = a
Nr. 843 = a
Nr. 844 = a
Nr. 845 = a
Nr. 846 = b
Nr. 847 = b
Nr. 848 = b
Nr. 849 = a, b, d
Nr. 850 = a, c, d
Nr. 851 = b
Nr. 852 = a
Nr. 853 = a
Nr. 854 = b

Sachgerechter Geräteeinsatz
Nr. 901 = b
Nr. 902 = b
Nr. 903 = b
Nr. 904 = a
Nr. 905 = b
Nr. 906 = b
Nr. 907 = b
Nr. 908 = a
Nr. 909 = a
Nr. 910 = b
Nr. 911 = b
Nr. 912 = b
Nr. 913 = c
Nr. 914 = c
Nr. 915 = a
Nr. 916 = b
Nr. 917 = b, c
Nr. 918 = c
Nr. 919 = c
Nr. 920 = a
Nr. 921 = c
Nr. 922 = b
Nr. 923 = a
Nr. 924 = b
Nr. 925 = a
Nr. 926 = b
Nr. 927 = a
Nr. 928 = c
Nr. 929 = c
Nr. 930 = b
Nr. 931 = a

Nr. 932 = c
Nr. 933 = b
Nr. 934 = a
Nr. 935 = a
Nr. 936 = a
Nr. 937 = a
Nr. 938 = c
Nr. 939 = c
Nr. 940 = c
Nr. 941 = c
Nr. 942 = a
Nr. 943 = b
Nr. 944 = b
Nr. 945 = b
Nr. 946 = c
Nr. 947 = a
Nr. 948 = b
Nr. 949 = c
Nr. 950 = c
Nr. 951 = a
Nr. 952 = b
Nr. 953 = b
Nr. 954 = a
Nr. 955 = a
Nr. 956 = b
Nr. 957 = b
Nr. 958 = b
Nr. 959 = c
Nr. 960 = a
Nr. 961 = b
Nr. 962 = c
Nr. 963 = a
Nr. 964 = b
Nr. 965 = c
Nr. 966 = b
Nr. 967 = c
Nr. 968 = b
Nr. 969 = b
Nr. 970 = c
Nr. 971 = a
Nr. 972 = c
Nr. 973 = c
Nr. 974 = a
Nr. 975 = a
Nr. 976 = c
Nr. 977 = c
Nr. 978 = b
Nr. 979 = a
Nr. 980 = c
Nr. 981 = a
Nr. 982 = a

Stichwortverzeichnis